一年中使えるフィールドガイド決定版!

野草・山菜 きのこ図鑑

野草・山菜編 著……… 茸本 朗(野食ハンター)
きのこ編 著……… HS(きのこ・山菜探求家)

JN137899

日本文芸社

野草・山菜
きのこ 図鑑

もくじ

【野草・山菜】編

野食を楽しむための基礎知識 ･･････････････ 6
この本で使われている用語について ･･････ 18
野草・山菜図鑑 ･･････････････････････････ 22
絶対に見誤ってはいけない「有毒植物」･･･ 170

【きのこ】編

図鑑を活用するための基礎知識 ･･････････ 192
きのこ図鑑 ･･････････････････････････････ 204
絶対に手を出してはいけない「毒きのこ」･･･ 304

さくいん ･･････････････････････････････････ 314

※動画は予告なく中止・変更されることがあります。
※QRコードがリンクする動画は、諸事情により予告なく終了、または変更される場合があります。
※QRコードは、株式会社デンソーウェーブの登録商標です。

この本の見方

1 構成
この本は、「野草・山菜編」「きのこ編」で構成されています。

2 採れる時期
野草・山菜・きのこが採れるおよその時期を示しています。

3 名称
野草・山菜・きのこの一般的な名称を示しています。

4 分類
野草・山菜はおもにAPG分類による科名を示し、きのこはDNA解析による新分類を中心に門・目・科名を示しています。

5 特徴
野草・山菜は侵略的外来種かどうか、きのこは歯根菌・腐生菌・共生菌の区別を示しています。

6 注意マーク
この本では食べられる野草・山菜・きのこを紹介していますが、体調や食べ方によっては悪影響が現れる場合は⚠マークで示しています。

7 データ
野草・山菜・きのこの採れる場所を示しています。「きのこ編」では、きのこの大きさ（傘の直径・高さ）、柄に対するひだの付き方も示しています。データの意味は、『野食を楽しむための基礎知識』(P6〜)、『図鑑を活用するための基礎知識』(P192〜)を参照してください。

8 食べ方
野草・山菜・きのこがもっとも美味しく食べられる調理法や活用の仕方を紹介しています。

9 動画リンク
著者のYouTubeチャンネルにリンク。より詳しい説明を視聴できます。

5 侵略的外来種
3 アレチウリ
4 ウリ科

ウリだけど実ではなくて「つる」が美味しい

野草・山菜

秋

つるの先端を茹で炒めると美味

秋、晩秋に伸びるつるの先端30cmほどをちぎり取り、茹でて水にさらし、シャキシャキとして香りがよく甘みがあり美味。卵と好相性。炒め。

北米より輸入された大豆に混ざって移入したと考えられている帰化植物。旺盛につるを伸ばし他の植物を覆って枯らしてしまうことから特定外来生物に指定され、駆除が行われているがまったく追いついておらず、年々生息域を拡大している。東南アジアでウリ類のつるを食べることにヒントを得て、当種のつるを食べてみたところ大変美味だったため掲載することにした。ただし特定外来生物のため生きたまま移送ができず、採取地で調理するか、現地で茹でるなどの殺草処分を施すことが必要。果実は小さく、危険な棘に覆われていて食用にできない。

● 採れる場所
身近

典型的なウリ科植物、実の形で判別する

河川敷や林縁、畑の畔など日当たりさえあればどこでも繁茂する。初夏頃に芽を出し、秋になると旺盛につるを伸ばして周辺を覆い尽くす。葉は手のひら型で大きく、つるには微毛が生える。果実は1cm程度でまとまってなり、鋭い棘に覆われている。

野草・山菜 編

□野食を楽しむための基礎知識
　食べられる野草・山菜・・・・・・・・P6
　野草・山菜が採れる場所・・・・・・・P8
　野草・山菜との付き合い方・・・・・・P12
　野草・山菜の食べ方・・・・・・・・・P14

□この本で使われている用語について・・・・P18
□野草・山菜図鑑・・・・・・・・・・・・・P22
□絶対に見誤ってはいけない「有毒植物」・・P170

刊行に寄せて

「日常的に草を採って食べている」という話をすると「なんでそんな酔狂なことを?」と聞かれることが多い。理由はとても簡単で「食べたい草がそこらへんに生えているから」だ。野菜にはない魅力をもつ美味しい野草が身近にいくらでも生えているのだから、採らない理由はない。

そんな食い意地ばかりのYouTuberのもとにある日「山菜図鑑を書いてみませんか」というオファーがきた。学者でもないというのに、まったくもって酔狂な話である。

最初はどうしたらよいかわからず、よくある無難な山菜図鑑にしてお茶を濁すことも考えたが、「せっかくなんでも食べることだけが取り柄の人間が執筆するのだから、有名な山菜をずらっと並べた図鑑なんか作っても意味がない。自分が実食した経験をもとに、採りやすさと美味しさを踏まえた"利用価値の高い草"だけを掲載する実用的な図鑑を作ろう」と考え、その指針に則ることにした。

結果として非常に極私的な基準の、しかし野草食初学者にとってはそれなりに役に立ちそうな書籍ができあがったと思う。読者諸兄におかれては、ぜひこの本を持って外出し、その辺に生えている草を観察してみてほしい。きっとすぐに食べたくなる野草が見つかるはずだ。

そしてもしさらに興味が深化し、植物生態学や分類学に興味が出てきたときには、植物研究者の執筆する、より学術的な図鑑を改めて手にしてもらえればうれしい。

茸本 朗

野食を楽しむための基礎知識《1》
食べられる野草・山菜

本書では、食べられる野草・山菜、食べて美味しい野草・山菜を紹介する。
本書を活用し、"あなた"が野草・山菜を楽しむには?
まずは、知っておきたい基本情報を押さえておこう。

本書の野草・山菜

　適度な降水と日照に恵まれるわが国には、大都会から深山幽谷までさまざまな環境があり、それぞれに適応したさまざまな植物が生育している。一説によれば日本には7,000種類程度の植物が生えており、そのうちの1,000種類以上が食用になるという。食べられる野草というのは意外と身近な存在なのだ。

　しかしそれを適切に利用するには、まずは正しく同定できなければならない。そのためにはどうしてもある程度の植物学的な知識が求められるが、初心者にとってそれは無視できないハードルとなる。

　また、この1,000種類には「食べることは可能だが、美味しくないもの」「よく似た食用不適野草があり、間違えるリスクが高いもの」「アクセス容易な環境に生えていないもの」など、利用価値の低いものも数多く含まれている。そういったものまで覚えないと野草を食べてはならないとなれば、ただ「食べてみたい、味を知りたい」という興味から野草を学ぼうとする人の意欲を挫いてしまうかもしれない（筆者自身、美味しくない野草についてはさほど興味はわかない）。

　そのため本書では、筆者の独断と偏見により「利用価値があり、同定ミスのリスクが低く、美味しい野草」をセレクトし、掲載した。加えてそれぞれの野草について、出会うために必要な情報と同定する際に見るポイントを簡潔に記載し、さ

らに調理法まで掲載した。掲載されている野草はすべて筆者が実際に採取し、食べ、これはおすすめできると判断したものである（一部、編集部より掲載してほしいと依頼があり、すったもんだの末にやむなく載せたものもあったような気がする。おそらく当該野草をお読みいただければわかる）。

中には、一般的には食用と思われていないか、あるいは毒草として扱われているにもかかわらずあえて掲載したものもある。古くから毒抜きして食べる文化があったり、海外で食用にされる例があり、それに則って食べてみたところ美味しかった……というものがそれにあたる。

侵略的外来種について

■ 侵略的外来種の例

シャクチリソバ（→P87）

シンテッポウユリ（→P125）

また「侵略的外来種」で食用価値の高いものについては優先的に取り扱うことにした。我々ヒトの採取圧は他の生物にとって脅威となるものであり、その矛先を侵略的外来種に向けることは生態系保全に役立つと考えられるからだ。結果として148種類の、自信を持っておすすめできる有益な食用野草・山菜について掲載することができた。

とはいえ、本書はポケット図鑑であり、画像もひとつの野草につき2枚しか掲載していない。判別ポイントについてももっとも代表的な数点しか記載できていない。従って本書1冊ですべての美味しい食用野草・山菜について学べるというような類のものではないし、イレギュラーな個体を自信を持って同定できるようになることもないだろう。筆者としては本書を「身近にこんなにもたくさんの食べて美味しい野草が生えているんだ」と興味を持ってもらうためのゲートウェイ的な存在として位置付け、その方針に則って執筆した。

もし本書を読んで美味しい野草・山菜に興味が出てきたら、必要に応じてより高度な内容の資料を手に取っていただくのがよいかと思われる。ぜひ、美味しくて楽しい「野草沼」に足を踏み入れてみてほしい。

野食を楽しむための基礎知識《2》
野草・山菜が採れる場所

本書で紹介する野草・山菜は、里山、海辺、川や沼などの水辺のほか
普段の生活圏にある身近な場所で採れるものもかなり多い。
それぞれの採集場所ごとの特徴、採集の際の注意点を紹介しよう。

野草・山菜採取の話をするときに避けて通れないのが「どこで採れるのか」「どこなら採っていいのか」という2つの疑問だ。前者は植物学的な知識が、後者は法律学的な知識が必要となる。しっかり語ろうと思えばそれで一冊の本が書けてしまうほどだが、本書はポケット図鑑なので抄訳的な話に留めたい。

身近

野草ハントで一番身近なフィールド、それは街なかである。十把一絡げに「雑草」と呼ばれてしまう草たちの中にも美味しいものはたくさんあり、日常的に利用できるという点ではこれ以上便利なものはない。

そもそも街なかに草なんか生えてないだろ！という人は自然への解像度があまりにも低い。コンクリートやアスファルトの隙間からたくましく生えてくる緑、ちょっとした空き地をあっという間に埋め尽くす茂み、それはすべて自然に生えてきた野草であり、そしてその中には食べて美味しいものが少なくないのだ。

身近なフィールドのなかでもっとも採取がしやすいのは「河川敷」である。河川敷は法律により土地やそこに生えているものの私有が許されておらず、共有財産ということになっている。そのため営利目的でない限りはそこに生えているものを誰でも利用することができるのだ。都会のオアシスともいえる河川敷には実に多種多様な野草が生えている。その気になれば八百屋代わりに利用することも可能だ。本書において「身近」の項目に掲載されているものはすべて河川敷で採取できると考えていただいて問題ない。

一方、河川敷以外の街なかの

フィールドで採取するのは意外と難しい。ほぼすべての土地が私有地であり、採取には所有者の許可が必要となるからだ。また都市部の公園では、環境保全のためにあらゆる植物の採取を禁止しているところも多い。河川敷以外で何かを採取するときは、必ずその土地の管理者に確認するように心掛けてほしい。

里山

ご存知のとおり、山には多種多様な植物が生えている。しかし、一般の方が連想するだろう「山」と我々のような野草食愛好家が連想する「山」にはいくぶん隔たりがある。

美味しい野草・山菜を採るためには、大木の生い茂る本格的な山ではなく、適度に人の手の入った「里山」に行くのが鉄則となる。なぜなら山菜と呼ばれるものの多くは草本もしくは低木であり、高木の茂る森の中では日照が不足するため生育できないからだ。里山は人々がその暮らしの中で木々を切り、道を拓き、土地を造成してできたものだ。そのようにして撹乱された環境では、あらゆる植物が旺盛に生えることができる。人々は里山での暮らしの中で美味しい野草を見出し

「山菜」として利用してきたのだ。

　加えて、タラノキやウドのような植物はパイオニア植物と呼ばれ、木が切られて土がむき出しになったところに真っ先に生えてくる性質を持つ。ニュータウンや別荘地、林道の脇といった場所は食用野草を採取するのには最高の環境といえる。

　しかし「身近」の項で触れたのと同様、採ろうとするフィールドが採取可能な場所かどうかは必ず確認しないといけない。自然公園では野草類を含めた生物の採取行為が禁止されていることが多いし、郊外の里山も必ず所有者がいる。

　採取にあたっては慣例的に採取が許されている場所や、入山料を払うことで採取可能となる場所（イ

ンターネットで調べることができる）を見つけるのが無難だろう。

水辺

　河川や湖沼の畔、用水路のわき、水田の畦などといった水辺には、そういう環境を好む野草が生

える。セリやミツバ、ワサビなどスーパーで販売されるような著名な食用植物も多く、採取フィールドとして無視できない。水辺に生える野草は大きくなっても柔らかいものが多く、夏を過ぎても利用できるものが多いのもうれしいところだ。

気をつけたいのは、水辺には毒草も多いということ。とくにドクゼリやドクニンジンのようなセリ科毒草、キツネノボタンのようなキンポウゲ科毒草は水辺を好んで生え、食用野草と混生することも多い。採取にあたっては一株ずつていねいに確認していくことが大切だ。

また、ヒシやガマのように水中に生える野草を採取するときは、勢い余って転落してしまわないように注意したい。筆者はヒシの果実を採取していて水中に転落し、水浸しで帰宅したことが人生で2度ある。

海辺

水辺と同じようでまったく異なる植物が生育するのが海辺だ。常に塩分を含んだ強風にさらされ、強烈な日照による乾燥と戦わなければならない海岸は植物にとっては過酷な環境で、そこに適応した野草だけが生えることができる。

そのため、海岸近くで採れるのはアシタバやハマボウフウのように葉が丈夫だったり、ツルナやウチワサボテンのように肉厚だったりするものが多い。また年間を通して緑色の葉をつけるもの、ほぼ一年を通して柔らかいものも多く、山菜の減る盛夏から秋の時期に食べられる野草を採取したくなったら、海辺のフィールドに向かうのがおすすめだ。毒草が比較的少ないのもうれしい。

野食を楽しむための基礎知識《3》
野草・山菜との付き合い方

野草・山菜の魅力を知ると、採集と賞味を止められなくなるだろう。
だが、時には失敗もあるし、大変な思いをすることもあるにちがいない。
ここでは、筆者の経験から言える失敗回避策をまとめておきたい。

含まれる栄養素と有害成分

　筆者の知人に野草を毎日のように食べている方がいるのだが、まさに健康そのものといった感じで、健康診断でも常人ではありえない良好な数字を叩き出しているらしい。実際のところ野草には食物繊維やビタミンをはじめさまざまな栄養素が含まれており、体によい食品であることは間違いないだろう。

　一方で、野草は野菜のように食品として改良されたものではないので、人体に有害なものを含んでいる可能性がある。というよりも、基本的に野草には体に悪い成分が含まれているので、調理によってそれを除去したり変質させてからでないと安全に食べることはできない、と考えるべきだ（本書において

は、ごく一部の生食しても美味しい野草はその旨も記載しているが、生での食べ過ぎは避けてほしい)。

有名な山菜であるワラビやフキは、生の状態ではかなり強い毒を含み、長期間摂取するとがんや肝障害などの重篤な症状を引き起こすことが知られている。それでもしっかりと下処理すれば、確実に安全なレベルまで毒を抜くことができるため、これらの野草は長らく食材として親しまれてきた。大切なのはむやみに毒を恐れることではなく、その野草がどのような下処理で安全に美味しく食べられるようになるかを知ることなのだ。

■ **筆者がやられた野草の例**

マムシグサ類 (→P130)

ヤブカンゾウ (→P24)

先人たちの経験を生かす

ところで筆者は「野食ハンター」なる珍奇な職業を名乗り活動しているのだが、その活動の趣旨は「食べられないとされているものを美味しく食べる方法を見つける」ことと捉えている。野草の場合、まずその草にどのような有害成分が含まれているかを調べ、見当がつけばその成分を除去するための処置を考え、実行して試食してみる。

そういうことをしていれば当然、しばしば毒抜きに失敗し、口中を激痛に襲われてよだれを垂れ流してのたうち回ったり(マムシグサ)、一日中トイレから出られなくなったり(ヤブカンゾウ)といった惨事に見舞われてしまう。そのたびに筆者は、あまたの野草にトライし、その食毒をあからさまにしてきた勇敢な先人たちに思いを馳せてしまうのだ。

本書に載せている野草はいずれも、そういった彼らの尊い犠牲のうえにその調理法が確立され、安全に食べられてきたものばかりである。安心して採取し、食べてみてほしい。

ただし一部の掲載種については、食べるためにテクニカルな毒抜きが必要であったり、また体質によっては軽度な消化器異常が発生してしまう可能性がある。そのようなものについては「!」マークを付与しその旨を記載しているので、不安があれば試食は控えてほしい。

野食を楽しむための基礎知識《4》
野草・山菜の食べ方

採ってきたものはできるだけ美味しく食べたい。
本書ではそれぞれの野草・山菜ごとに食べ方を紹介しているが、それぞれの
ポテンシャルを最大限に引き出し、美味しく食べるための鉄則をお伝えしたい。

美味を堪能するための処理

　もし読者諸兄が身の回りの食用野草・山菜について興味をお持ちであれば、ぜひ本書を片手に採取に行ってみてほしいと思う。きっと何かしらの美味しい野草を手にすることができるだろう。

　しかし、採取した野草の美味しさをしっかり堪能するためには、採取する瞬間からやっておかねばならないことがある。どんなに状態がよいものを採ったとしても、その後の処理が適当であればそのポテンシャルを発揮することはできない。難しいことはないのでぜひご一読いただきたい。

採取した野草は必ず冷やして持ち帰る

　まともな釣り人なら、晩のおかずを確保しに行くときには必ずクーラーボックスと保冷剤を携えていくだろう。常温では魚はあっという間に劣化し、内臓や鰓は腐敗して悪臭を放ち、とても食べられなくなってしまうからだ。

　野草・山菜の場合も魚と同じで、常温環境ではあっという間に劣化してしまう。悪臭を放つことはなく見た目もさほど変わらないが、内部では旨みや甘みの成分が失われ、エグみや苦みの成分が増えてしまっている。食べて美味しくないどころか、強まったアクのせいで体調を崩す可能性すらある。

　そうならないように、採取した野草はできるだけ冷やして持ち帰るようにしたい。魚ほどきっちり冷やす必要はなく（冷蔵庫のチルド室と野菜室の温度の違いを想像してほしい）、保冷バッグに保冷剤を1、2個程度入れたものがあれば十分だ。

また濡らした新聞紙やキッチンペーパーで採取した野草をくるみ、ビニール袋やフリーザーバッグで包んでから冷やすようにすると、よりしっかりと鮮度を保つことができる。持ち帰ってきたものは、できるだけ迅速に調理するようにしたい。

野草・山菜にふさわしい適切な方法で調理する

野草・山菜は野菜ほどには簡単に食べられないが、適切な調理を行えば野菜にない美味しさを楽しむことができる。逆に必要以上に手をかけてしまっても、その真の美味しさが楽しめなくなってしまう。大切なのは必要かつ十分な調理法を見つけることだ。

野草といえばすぐに天ぷらにしてしまう人がいるが、天ぷらは野草の風味をまろやかにして食べやすくしてくれるものの、裏を返せば個性を奪ってしまうともいえる。せっかく手をかけて採取してきたのだから、そのワイルドさを含めて楽しみたいと筆者は考えており、本書では天ぷら以外の調理法を優先的に記載した。

具体的な調理法としては以下の通りである。

■ おひたし

■野草料理の基本のおひたし
上) クサソテツのおひたし
下) ミヤマイラクサのおひたし

野草料理の基本。採取してきたものをさっと洗い、沸騰したお湯に塩をひとつまみ入れて茹でる。茹で時間は野草の大きさや形状、質によってまちまちだが、全体がしんなりしてきたら一旦OK。冷水を溜めたボウルにとり、しばらく水にさらす。10分ほどさらしてからかじってみてアクや苦みの有無を確認し、もし不快なところがあればさらに長くさらすか、再度茹で直してもよい。水気を切り、一口大に切って醤油やめんつゆ、白だしなど好きな調味料をかければ完成。好みで削り節を乗せてもよい。

おひたしに向くのはアクや苦みが少なく、歯ごたえがよいもの。ツリガネニンジンのように旨みが強いものなら素晴らしい。

■ あえもの

■いろんな調味料でいけるあえもの
上）ゼンマイのナムル
下）ホソバワダンの白あえ

下処理はおひたしと一緒。一口大に切ったのち、ボウルに入れて好みの調味料であえる。すり胡麻と醤油、砂糖であえれば胡麻あえに、すりつぶした豆腐とめんつゆ、砂糖であえれば白あえに、めんつゆと練り辛子であえれば辛子あえになる。

アクが強すぎるものを除き、どんな野草でも胡麻あえには合う。胡麻の脂分でパサっとしたものでも美味しくなるのでよい。くるみあえやピーナッツあえなどのバリエーションもある。

アクや苦みが強いものは、少し長めに水にさらしてから白あえにするのがよい。豆腐は野草の苦みを消す力があり、ホソバワダン（苦菜）やタンポポなどのキク科野草に対してはとくに効果が高い。

苦みが苦手な人、あるいは酸味の強いものを食べる場合は、豆腐に塩とオリーブオイルを加えてあえるとより食べやすくなる。

辛子あえも意外といろんな野草に合う。ツナ缶を混ぜるとご飯のおかずに最適になる。

■ 天ぷら

■味の個性が強い野草は天ぷらで
上）ヨモギの天ぷら
下）ウドの花芽の天ぷら

アクや苦みが強いもの、繊維が強いもの、肉厚なものは天ぷらにすると楽しめる。とくにタラノキやコシアブラのような木の芽類は、天ぷらにするとカリッとした歯ごたえが心地よい。衣はできるだけ薄くつけ、高温の油で短時間、カラリと揚げるのがコツ。葉物を揚げるときは、衣は片面にのみ付ける。

◇◇◇◇◇◇◇◇

そのほか、野草によってはそれ専用の料理、あるいは伝統的に親しまれてきた食べ方が存在するものがある。そのようなものについては本文中に簡単ではあるが掲載しているので、ぜひ参考にしてほしい。

この本で使われている用語について

野草・山菜を見分けるために必要な用語を説明します。
図鑑で意味がわからない用語に出合ったときに参照してください。

● アレロパシー
　植物の根や葉、残滓から放出される成分が他の植物や虫・小動物の成長や生命維持を妨げる作用。

● 一年草（いちねんそう）
　種をまいたその年のうちに発芽し、花を咲かせ、種をつけて枯れる植物。

● 羽状複葉（うじょうふくよう）
　軸の左右に小葉が羽のように並んでいる複葉。

● 栄養葉（えいようよう）
　シダ植物で胞子嚢を持たず、光合成を行う葉。⇔胞子葉

● 栄養繁殖（えいようはんしょく）
　種子ではなく、根や茎、葉などの栄養器官から次の世代が生まれる無性生殖の形。

● 雄株・雌株（おかぶ・めかぶ）
　雄花（おしべだけがある）のみをつける株が雄株、雌花（めしべだけがある）のみをつける株が雌株。

● 塊茎（かいけい）
　デンプンなどを大量に蓄えてかたまり状に変形した地下茎。

● 殻斗（かくと）
　クリのいがやどんぐりの帽子のこと。総苞片が乾いて固まり、硬くなっている。

● 花茎（かけい）
　花のみをつけ、普通の葉をつけない茎。

● 花序・果序（かじょ）
　花・果実をつけている茎の部分。

● 株立（かぶだち）
　1本の茎の根元から複数の茎が分かれて立ち上がっている様子。

● 稈（かん）
　タケやササの木質化した茎のこと。これらは狭義では木本（↓）にあたらないため、この用語が使われる。

- ●灌木（かんぼく）
  成長しても高さ2m以下（環境省の分類による）にしかならない木本。低木と同意。

- ●帰化植物（きかしょくぶつ）
  本来の自生地（本書ではとくに海外）から別の場所に運ばれ、その地で野生化した植物。

- ●救荒植物（きゅうこうしょくぶつ）
  飢饉の際に食糧とすることができる、山野に自生する植物。

- ●鋸歯（きょし）
  葉の縁に見られるぎざぎざの切れ込み。⇔全縁

- ●交雑（こうざつ）
  異なる種同士が交配し雑種が生まれること。

- ●互生（ごせい）
  茎の1つの節ごとに1枚の葉がついているもの。

- ●根茎（こんけい）
  一見すると根のように見える、地下にある部分の茎。

- ●根生葉（こんせいよう）
  根際の茎から出ている葉。

- ●三出複葉（さんしゅつふくよう）
  葉柄の先から3枚の小葉が出ている複葉。

- ●C4植物（しーよんしょくぶつ）
  二酸化炭素濃度を高める作用のある葉緑体を備え、光合成における炭酸固定経路にC4ジカルボン酸回路を用いる植物。強い日射に耐えるように適応している。

- ●雌雄異株（しゆういしゅ）
  雄花と雌花を別々の株につける植物。雄花をつけるものを雄株、雌花をつけるものを雌株という。

- ●掌状複葉（しょうじょうふくよう）
  葉柄の先端に複数枚の葉が放射状についている複葉。

- ●小葉（しょうよう）
  複葉（↓）を構成する1枚1枚の葉のこと。

- ●照葉樹（しょうようじゅ）
  冬期でも落葉しない常緑広葉樹のこと。葉の表面のワックス状の層（クチクラ層）により、つやつやとした光沢があることが名前の由来。

- ●代かき（しろかき）
  田植え前に田んぼに水を入れ、土を砕いてならしていく作業。

- ●走出枝（そうしゅつし）
  地上近くを這って伸びる茎のこと。匍匐茎（ほふくけい）とも呼ばれる。

- ●総苞（そうほう）
  芽、つぼみ、花、果実を包んでいる葉。クリのいがやドングリの殻斗は総苞が変化したもの。

- ●草本（そうほん）
  一般に草と呼ばれる、木質化した幹を持たない植物の学術的な呼び方。

- ●対生（たいせい）
  葉が2枚対になっているつき方。

- ●多年草（たねんそう）
  2年以上にわたって毎年花を咲かせる植物。

- ●単葉（たんよう）
  葉身（葉の主要部）が1枚の葉。形は、楕円形、卵形、円形、線形、針形などさまざま。⇔複葉

- ●地下茎（ちかけい）
  地下にある茎の総称。地下の環境に適応する性質がある。

- ●蝶形花（ちょうけいか）
  左右相称で蝶のような形をした花。マメ科の植物に多い。

- ●低木（ていぼく）
  成長しても高さ2m以下（環境省の分類による）にしかならない木本。灌木と同意。

- ●特定外来生物（とくていがいらいせいぶつ）
  生態系や農林水産業に大きな被害を及ぼすおそれのある外来種のうち、規則や防除の対象となるもの。生体の持ち運びが禁止されている。

- ●胚乳（はいにゅう）
  種子の中にある、発芽の際に養分を供給する組織。

- ●袴（はかま）
  ツクシの茎にある葉の変形物。食べると口に障るので調理前に取る。

- ●被子植物（ひししょくぶつ）
  種子になる部分の胚珠（はいしゅ）が子房で包まれ、外から見えない植物。⇔裸子植物

- ●斑（ふ）
  葉や花弁などで本来の色から変色している部分。

- ●複葉（ふくよう）
  葉身が2枚以上の小葉からできている葉。⇔単葉

- ●胞子茎 (ほうしけい)
  先端に胞子を産出する胞子嚢をもつ茎。ツクシはスギナの胞子茎。

- ●胞子葉 (ほうしよう)
  シダ植物で胞子を作る葉。胞子を蓄えた球形の胞子嚢をつけ、熟すと胞子を散布する。⇔栄養葉

- ●毬花 (まりばな)
  ホップの雌株に咲く花の愛称。由来は、松毬 (松ぼっくり) の形に似ていることから。

- ●むかご (むかご)
  わき芽の主軸や主軸のまわりの葉が栄養を蓄えて肥大化したもの。

- ●木本 (もくほん)
  一般に木と呼ばれる、木質化した幹を持つ植物の学術的な呼び方。

- ●雄花穂 (ゆうかすい)
  雄花が密集した花穂。ガマではソーセージ状に見える雌花穂 (しかすい) の上部につく。

- ●葉柄 (ようへい)
  葉身を茎や枝につなげている細い柄の部分。

- ●裸子植物 (らししょくぶつ)
  種子になる部分の胚珠 (はいしゅ) がむき出しになり外から見える植物。⇔被子植物

- ●螺生 (らせい)
  葉 (葉柄) が茎のまわりに螺旋状に配列するつき方。

- ●鱗茎 (りんけい)
  養分を蓄えて厚くなった葉が茎のまわりに多数重なって球状になっているもの。

- ●林床 (りんしょう)
  森林内の地表面。

- ●鱗片 (りんぺん)
  鱗茎 (↑) を構成する1片の葉のように、植物に生じるうろこ状のものの総称。

エゾエンゴサク
ケシ科

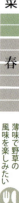

野草・山菜

春

薄味で野草の風味を楽しみたい

さっと茹でて水にさらし、一口大に切ってめんつゆやポン酢をかけて食べると美味しい。あまり濃い味付けにしないほうがよさを楽しめる。

珍しいケシ科の食用野草

　わが国では北海道にのみ生えるケシ科の植物。日当たりのよい草原や斜面に多く、春先に美しい空色の花を咲かせる。同科には麻薬成分を含む各種のケシや触るとかぶれるクサノオウ、呼吸困難や心臓麻痺を引き起こすムラサキケマン、キケマンなどが含まれ、まさに有毒植物のデパートといった様相だが、このエゾエンゴサクと近縁のヤマエンゴサクのみ食用にされる。歯ごたえがよく旨みと甘みがあり、一度食べるととりこになる。ただし有毒成分をわずかに含むとされ過食は厳禁。アイヌは塊茎を食用にしたとされるが、初心者はやめておいた方がよさそう。

● 採れる場所
里山

独特の葉の質感と空色の花で判別

春先に葉を伸ばし花を咲かせ、初夏になると枯らせて地下茎のみになってしまう典型的なスプリング・エフェメラル。マットな質感で黄緑色の卵型〜楕円形の小葉からなる独特な見た目の葉をつけ、これまた独特なシルエットの水色の花をつける。

オモダカ
オモダカ科

野草・山菜

春

揚げて食べるとよいスナックに

塊茎はよく洗い、片栗粉をまぶして揚げる。ほろ苦さと甘みがありいくらでも進む。クワイと比べるとアクが強く、シンプルに煮て食べるのは難しい。

野生の小さなクワイ

　浅い池沼や湿地帯、水路などに群生する水生植物で、代表的な水田雑草のひとつ。根が深くて引き抜きにくい上に、無理に引っ張ると地下茎がちぎれ、塊茎が土中に残ってしまうので駆除が難しい。おせちの具材として知られるクワイはオモダカの栽培変種で、場所によってはクワイとオモダカの中間的な個体も見られるが、一般的には塊茎はクワイよりもはるかに小さい。ただし味はよく、田の代かきの際に採取されたオモダカの塊茎を食用にする農家さんもいるという。葉の形が矢じりに似ていることから武士に愛され、家紋「沢瀉紋（おもだかもん）」の図案になっている。

● 採れる場所
水辺

根茎はオタマジャクシ状

芽出しの頃は線状の、成長すると矢じり型の三叉に分かれた葉をつける。株の根元から走出枝を伸ばし、その先に数十個の塊茎をつける。その塊茎が食用になる。走出枝を引っ張ると塊茎はちぎれて地中に残ってしまう。よく似たアギナシは塊茎を作らない。

野草・山菜

春

茹でてアクを抜き利用する

クセやエグみはないが、腹痛を引き起こす成分を含むといわれ、茹でて水さらしをするのが無難。葉は天ぷらやおひたしに、蕾は炒め物にすると美味しい。

カンゾウ類
ワスレグサ科

知名度の高い身近な食用野草

全国の日当たりのよい河川敷や野原に生える。アスパラガス、ネギと同じキジカクシ目でネギの一種と思われがちだが、ワスレグサ科という独立した科に属する。食用にされるのはヤブカンゾウとノカンゾウが多い。どちらも原産地は中国で、日本には古い時代に移入したとされる。地下茎で増えるため、基本的には群生する。よく知られた食用野草で、春先の若い葉を摘み取り利用する。クセがなくて食べやすく、スーパーにも並ぶ。ただし人によっては下痢を起こすので食べ過ぎには注意。夏に咲く花や蕾は「金針菜」と呼ばれて中華料理の食材となる。

● 採れる場所
身近

剣のような葉が互生し、扇状に広がっている

黄緑色の剣のような葉が互生し、扇型のように広がる独特のシルエットが特徴。シャガやアヤメの仲間と似ているが、こちらは葉が扁平で隙間なくついているのに対し、カンゾウ類の葉は隙間がある。大きく成長した葉も、中心部や地下の白い部分は食用になる。

ギョウジャニンニク
ヒガンバナ科

野草・山菜 / 春

どのような食べ方でも美味しい

よく洗って生でかじる。おひたしや炒め物も美味。香りと辛みで無限に食べられる。アイヌはこれを干して保存し、ニラと同じようにスープに入れた。

北の山菜の王様

中部日本以北、とくに北海道に多く自生する。ネギやニラ、ニンニクと同じグループの野草で、ニンニクに似た食欲の湧く香りがある。本州以南では個体数が少なく、採取が難しい。一方で北海道では非常に人気の高い野草で、これを摘みに山に入った人が遭難したニュースが毎年のように流れる。クマも好む野草のようで採取時には注意しろと地元の人は言う。ニンニクの名がついているが、繁殖力が弱いので鱗茎の採取は厳禁であり、地上部のみを食用にする。近年、見た目がやや似た猛毒植物イヌサフランが増えており、採取の際は必ず匂いの有無を確認する。

● 採れる場所
　里山

美味しそうな匂いを確認する。有毒植物との混同に注意

涼しく風通しのよい河原や林床に群生する。イヌサフランとは芽出しのときの葉の枚数の違いと、香りの有無で区別する。また園芸植物のスズランともやや似ているが、こちらも香りが異なる。これらの有毒植物と見分ける自信がなければ市販品を買うのが無難だ。

野草・山菜

春

さっと茹でて薄味で食べる

アクがないので色が変わる程度に茹で、おひたしや胡麻あえに。マヨネーズを付けるだけでも美味。アイヌは茹でた後、乾燥させて保存食にしたという。

コゴミ
コウヤワラビ科

もっとも食べやすいシダ類山菜

　標準和名はクサソテツで、株立する様子がソテツの木に似ているためにこう名付けられたが、一般的にはコゴミと呼ばれることが多い。新芽はきれいなゼンマイ状で、伸展すると1mほどになるものもある。新芽が食用になるが、根際は硬く食用には向かない。指でポキンと折り取れるところから上側が可食部となる。1株から2本程度の採取に留めるのがマナー。シダの仲間ではもっともアクが少なく、簡単な加熱調理で食べられる。サクサクとした食感が身上。展開した葉がきれいなため、庭などに植えられることがあり、採取時に必ず野生個体であることを確認する。

● 採れる場所
里山

縁取りがあり断面が三日月形の葉柄の形状で判別する

似ているシダ植物は多いが、株立すること、新芽に毛、綿毛がつかずツルッとしていること、葉柄に縁取りがあり断面が三日月形をしていることで判別可能。生育環境によってサイズが大きく変わり、谷川の河原に生える株に大きくて上質なものが多い。

コシアブラ
ウコギ科

野草・山菜

春

パスタやピザの具材にしても美味

強い香りとコクがある。もちろん天ぷらも最高だが、アクやクセがないのでシンプルな炒め物も美味。洋風料理の具材にすると唯一無二の味わいになる。

タラの芽よりも強い香りが好まれる

ウドやタラノキなどスター山菜を含むウコギ科の中でももっとも人気の高いもののひとつ。タラノキと比べるとコシアブラの芽は小さく、貧弱な印象を受けるが、その爽やかな香りはタラの芽よりもはるかに強い。タラノキと同じく痩せた土地を好み、尾根筋や崩れた斜面などに生えるが、やや標高のある場所を好むうえ高木になるので採取は容易ではない。市販もされているが、タラノキのように栽培されていないので流通量は少ない。鮮度落ちが早いので保存は冷凍か、加熱してからにする。かつて金漆(ごんぜつ)と呼ばれる樹脂を採取したために「濾し油」という名がついたそう。

● 採れる場所
里山

「掌状複葉」と呼ばれる葉柄とはかまとが特徴的

5枚の小葉が掌状につく「掌状複葉」と呼ばれる葉で判別できるが、芽出しの時期はわかりにくい。似た新芽は少なからずあり、判別に自信がなければ採取はできない。個人的にはコシアブラを自信を持って採取できたら脱初心者と言ってもよいと思う。

野草・山菜

春

アスパラガスに準じた使い方

茹でた芽を一口大に切って、マヨネーズを付けて食べると最高。筆者はマヨネーズが苦手だったがこの料理で克服した。おひたしや炒め物も美味。

シオデ
サルトリイバラ科

垢抜けた味の「山のアスパラ」

　開けた造成地や林道の法面、荒れ地などに生えるサルトリイバラ科の野草。芽出しの様子が牛の尾に似ていることから「牛尾出」と呼ばれたのが名前の由来とされる。この芽はとてもアスパラガスに似ており、また味もかなりアスパラガスに似て旨みと甘みが強く、山菜と呼ぶにはやや垢抜けすぎているかもしれない。ただし繁殖力が弱く、頻繁に採取するとすぐに減ってしまうので、1シーズンに数本にとどめておくのがよい。西日本で柏餅を包むのに使われる丸い葉はサルトリイバラという植物で、このシオデの近縁種だが、アクが強く美味しくない。

● 採れる場所
里山

アスパラガスに似た見た目が特徴

細くて貧弱な芽ではなく、できるだけ太い芽を採取したい。引き抜くと地下茎ごと抜けてしまうため、必ず指で折り取るようにして採取する。採取したものはできるだけ早く茹でないとあっという間に味が落ちる。やや細いタチシオデも同様に利用できる。

ゼンマイ
ゼンマイ科

野草・山菜

春

アク抜きをして保存、戻して食べる

綿毛を除去して如で、しっかり乾燥させる。その際まだ乾き切る前に軽くもみ、茎を柔らかくする。水に入れて煮立てて戻し、炒め物や煮物に。

食べるまでの手間は厄介だが美味

ワラビと並びシダ系山菜の代表格。芽出しの時期に綿毛を被っているのですぐにそれとわかる。ただしはじめに出てくるのは繁殖のための胞子葉であり、採取してはいけない。栄養葉はきれいなぜんまい状で、断面は真円に近く、茎の表面は粉が吹いているが触るとつやが出る。田畑の畔のような斜面に生える株は大きく、紫がかっていて「赤ゼンマイ」とも呼ばれ珍重される。沢に出るものは緑色が濃く「青ゼンマイ」と呼ばれ一段下に見られるが、味は変わらない。食べられるようにするのにかなりの手間がかかる。綿毛は紡いで糸にしたり、毛針の材料にされた。

● 採れる場所
里山

乾燥させて保存する

環境によって太さや色味が大きく変わるが、新芽は必ず茶色い綿毛を被っているので判別は容易。硬い部分を採らないよう採取時に刃物は使わない。同様に綿毛を被っているヤマドリゼンマイも同じように利用できる。採取後、なるべく早く加熱し乾燥する。

野草・山菜

春

ほろ苦さを生かした調理に

胞子に独特の苦みがあり、佃煮や卵とじが有名。天ぷらにもできる。甘辛い味付けにすると美味しくなる。どんな料理でもはかまはとる。

ツクシ（スギナ）
トクサ科

春の訪れを告げるかわいい坊主頭

　河川敷、庭先、空き地などあらゆる場所に発生し、一度生えると根絶が難しいスギナ。茎なのか葉なのかよくわからない独特の見た目をしているが、こう見えてシダ植物の仲間で、胞子で増える。春先に胞子をまくための組織（胞子茎）を出すが、これがツクシと呼ばれ、一般的に食用にされるのはこれ。柔らかくてほろ苦さがあり美味しいが、節ごとにはかまと呼ばれる葉が変形した組織があり、これを除去しないと食べられない。スギナは硬いためあまり食用にはされないが、江戸時代には救荒植物として利用されたらしい。現代では健康茶の原料になる。

● 採れる場所
身近

**スギナあるところに
ツクシあり**

胞子が成熟する前のものを採取するのがよいというが、胞子をまいたあとのものも問題なく食べられる。スギナでは栄養茎と胞子茎（つくし）はそれぞれ独立して地下茎から生えてくる。似たものにイヌトクサがあるが、こちらは栄養茎の先端に胞子嚢穂（つくしの頭）がつく。

ツリガネニンジン
キキョウ科

野草・山菜

春

茹でて水にさらし
あえものが美味い

さっと茹でて水にさらし、一口大に切ってめんつゆやポン酢をかけて食べると美味しい。あまり濃い味付けにしないほうがよさを楽しめる。

美味しいことで知られる人気野草

　各地の里山、とくに造成された斜面を好んで生える多年草。花が釣り鐘型をしており、根が高麗人参と似ているためにこのような名前で呼ばれる。花は近縁のホタルブクロにも似ているが、複数の花が茎に対して輪生するので判別できる。新芽はしばしば群生するので見つけたら採取はしやすい。トトキという名前で親しまれ、古くから「山で美味いはオケラにトトキ」という歌があるほど人気の高い山菜。地下茎で冬を越せる強靭な野草だが、すべての新芽を採取すると枯れてしまうので、1つの株から1本ずつのみ採取するようにしたい。

● 採れる場所
里山

**断面に滲む乳液が特徴。
若い芽は変異が大きい**

若い芽は変異が大きい。葉は7、8cmほどで鋸歯が目立つ。茎に輪生するが枚数は3〜5枚と幅があり、長楕円形から縦に延ばした卵形までさまざま。全体に微毛が生えるが、ツルッとしたものもある。ちぎると粘り気のある乳液が出てくるのでそこを判別点とする。

野草・山菜

春

葉を摘み、さっと茹でて炒め物に

さっと茹でて水にさらし、炒め物にすると美味しい。肉との相性がよく、食感や風味もしっかりしているので餃子の具にするのは最良。

ナズナ
アブラナ科

「ぺんぺん草」は中国では野菜的存在

　「ぺんぺん草も生えない」と言われるほど、日当たりのよい場所ならどこにでも生える身近な野草。ぺんぺん草という名前は、果実の形が三味線のバチに似ているからという説と、果実に細工をして花茎を振ると音がする（ぺんぺんとは聞こえないが）からという説がある。冬の間に大根葉を小さくしたような鋸歯の深い葉を展開し、春になると花茎を伸ばしてお馴染みの見た目になる。食用になるのは若い葉で、一見すると緑色が濃く硬そうだが加熱すると柔らかくなる。中国では野菜に近い扱いを受けており、ナズナ入りの水餃子は人気の一品。

● 採れる場所
身近

柔らかそうな若葉を採る

生える場所を選ばないが、発生環境によってサイズが大きく変わる。大きなものと小さなものでは別の植物のように思えるほどで、当然可食部も前者のほうが多い。最近は外来種と思われるナズナも増えているので違和感があれば採取を止めるべき。

ニリンソウ
キンポウゲ科

野草・山菜

春

乾燥すると長期間保存できるがあり、さっと茹でて水にさらし、辛子あえにすると絶品。臭み消しになる。風味の強い肉や汁物にすると美味。乾燥すると茶のような香り

ジビエを美味しく食べるための秘密道具

　毒草が多いキンポウゲ科の中では珍しい食用種。肉料理にとても合うとされ、アイヌはこの草をプクサキナと呼び、春先に採取して一年を通して利用した。春先に葉を出し、花を咲かせたあとは地上部が枯れてしまう、スプリング・エフェメラル（春の妖精）と呼ばれる野草のひとつ。ニリンソウという名前は、1つの株が2本の花をつけることに由来するが、実際には1～4輪まで多様性に富む。ちなみに近縁種にイチリンソウ、サンリンソウがあるがいずれも有毒。また猛毒で知られるトリカブトも同じ仲間で、花が咲く前の葉はかなり似ている。

● 採れる場所
　里山

トリカブトとの混同回避。花の咲いた株を採取する

鋸歯の多い葉は特徴的だが、トリカブトと似ているので慣れるまでは葉だけで見分けるのはやめた方がよい。花の形はまったく異なるので、花つきの株を採取すると安全。株の保全のため地下茎は採取しないこと。また保全地では採取してはならない。

33

野草・山菜

春

若い葉をサラダや刺身のツマにする

香りのよさと歯ごたえが身上なので、それを生かした調理法がおすすめ。ごく若い葉をよく洗ってサラダや、刺身のツマに。加熱はさっと行う。

ハマボウフウ
セリ科

浜辺に生える代表的な薬味野菜

全国各地の砂浜海岸に生息するセリ科野草の一種。光沢があり硬そうな見た目をしているが、とくに若葉は柔らかく、生のままかじるとセリ科特有の青く爽やかな香りがある。このため古くから薬味として重宝され、栽培も行われている。春先、砂に埋れながら伸びてきた若葉を食用にする。白い葉柄が柔らかく、歯ごたえもよくて美味しい。各地で砂浜が減少していることから姿を見ることが少なくなっており、加えて知名度の高さゆえに乱獲され姿を消してしまうこともある。意外と身近な場所にも生えているが、節度を守った採取を心がけたい。

● 採れる場所

海辺

細かい鋸歯と光沢のある葉が特徴

成長しても草丈は20cm程度にしかならない。海岸植物らしくニスを塗ったような光沢と硬さがある。葉は楕円形の小葉で構成される三出複葉。葉柄は地下部が白く、地上部は赤い。初夏になると火花を散らしたような可憐な白い花をつける。

ハリギリ
ウコギ科

野草・山菜

春

展開前のできるだけ若い芽を利用

タラノメと比べて苦み、エグみ、香りが強い。できるだけ若い芽を採り、茹でてしっかりと水にさらし胡麻あえに。天ぷらなら少し伸びた芽でも美味。

人気はないが天ぷらならタラノメよりも上?

　タラノキやウド、コシアブラと同じウコギ科の落葉高木。タラノキ同様に木肌に鋭い棘が生えており、とくに若い株ではよく目立つ。森の中でこの木に手をつくとたいへんなことになる。この棘のためにしばしばタラノキと間違えて採取され、後に違うものとわかってがっかりされることも。棘がタラノキのそれよりも大きく立派なこと、芽そのものに棘がないことなどで判別は容易。ハリギリはタラノメと比べるとアクが強く、苦みがあるために利用価値が低いとされるが、天ぷらにするとこの個性が生かされる。大木になるためにタラノキよりも採取できる芽の数が多いのも魅力的。

● 採れる場所
里山

鋭く大きな棘と掌状の大きな葉

10m以上になる高木だが、そのような樹では芽に手が届かないので必然的に若木を狙うことになる。タラノキの若木は棘の大きさが大小不揃いなのに対し、ハリギリのそれはどの棘も大きくて太い。芽は細い葉柄が直線的に上に伸びるように成長し、葉が展開する。

ヤブレガサ
キク科

野草・山菜

春

苦みを好みのレベルに調整する

茹でて、水にさらして苦みを抜き、あえものに。胡麻あえや白あえなど甘い味付けにすると食べやすい。天ぷらにすると香りとほろ苦さが心地よく美味。

通好みの味わいが隠れた人気

　低山の薄暗い林床に生えるキク科の多年草。地表に出てきたばかりの閉じた若葉の様子が破れた番傘に見えるためにこの名がついた。山菜として人気のモミジガサにも似ているが、ヤブレガサの葉は柔らかい毛で覆われる。またモミジガサは複数の葉がつくが、ヤブレガサは1〜2枚。葉が閉じているときが食べ頃で、開くとすぐに硬くなってしまう。キク科独特の香りが食欲を誘うが、モミジガサと比べると苦みが強く調理の際には水さらしを十分に行なうなど、工夫が必要。一方で天ぷらにするとこの苦みが好ましく、モミジガサよりも上だと言う人もいる。

● 採れる場所
里山

キク科独特の香りがある若葉の姿は見間違えない

若い株は1枚、複数年経過した株でも2枚前後しか若葉を出さない。芽出しの様子は非常に独特で、葉を揉んだときに立ち上るキク科独特の香りとともに確認すれば間違えることはない。鮮度が落ちやすく、すぐにエグみが出てしまうので採取後は迅速に調理する。

野草・山菜

春

酢味噌や胡麻との相性がよい

新鮮なうちにさっと茹で、水にさらして刻み、ぬたや胡麻あえにすると美味しい。酸味との相性もよいので酢の物などもよい。

ヨブスマソウ
キク科

大きくて美味しいキク科山菜の王様

北日本に分布するキク科の多年生草本。茎の太さ数cm、草丈2m以上に及ぶ大型の野草で、数十cmに成長しても先端は柔らかく利用することができる。オオイタドリの群落の中に混ざって生えていることが多く、パッと見は似ているが若い葉の形状が三角形であることで判別できる。ヨブスマとはムササビのことで、若葉の形状をこれに例えた。野草としてはボンナと呼ばれるが、中空の茎を折ったときにボンと音がするためだそう。ウドとフキの合わさったような山菜といわれ、素晴らしい歯ごたえとキク科特有の香りがあり非常に美味しい。

● 採れる場所
里山

折りたたまれたような若葉が特徴的

直立して伸びる太い茎に三角形の葉がついている芽出しの形はユニークで、同じ属のイヌドウナやコウモリソウ（いずれも食用）以外に似ているものはない。1本でかなりのボリュームになるのでありがたい。苦みがあるので、好みによって水さらしの時間を変えたい。

野草・山菜

春

和風出汁との相性は抜群

採取したワラビはタッパーに入れて重曹をふりかけ、熱湯を注ぎ一晩置く。よく洗い、一口サイズに切って薄味で煮付けたり、包丁で叩いてとろろに。

ワラビ
コバノイシカグマ科

発がん性は心配不要

　古くから知られた食用シダ植物のひとつ。日当たりのよい場所を好み、野焼きをしたあとや整地された場所にいち早く生える。毛に覆われたげんこつのような独特の芽が特徴で、初心者でも判別は容易。アクが強く、発がん性物質が含まれていることが判明し一時的に人気を落としたが、非現実的なほど大量に食べたりしない限りは問題なく、正しいアク抜きを行ったものは安全に食べられる。加熱するとぬめりが出て歯ざわりがよい。根茎から採ったデンプンがわらび粉で、これから作ったものが本当のわらび餅だが、現在は馬鈴薯澱粉で代用される。

● 採れる場所
里山

日当たりのよい場所を探す

環境がよいと小指ほどの太さのある芽を出す。握りこぶしに似た形の芽ははじめ折れ曲がるが、すぐに上を向いて葉を伸ばす。太い株は紫がかっているものが多く、上質とされる。市販もされるが、鮮度が悪くなるとエグみが出るので注意が必要。

アオミズ
イラクサ科

みずみずしさと青臭さのマリアージュ

ウワバミソウ（ミズ）と近い仲間で、全草がきれいな緑色をしているためアオミズの名がついた。ウワバミソウよりも乾燥に強く、湿り気のある林床など水の流れがない場所でもよく見かける。ときに群落をなすが、他のイラクサ科の植物と混生することもあり、注意を要する。ウワバミソウ同様に茎や葉柄が食用になり、太いものが多く利用しやすいが、青臭さが強く出るためそこまで珍重されない。醤油や出汁などで調味料の味をしっかりと吸わせるような調理法がよい。他の草が採れなかったときにかさ増しのために採取するイメージ。

● 採れる場所
身近

透明感と葉のつき方で判別する

ウワバミソウよりも幅広い環境に適応し、見つけやすい。湿り気の多い環境では高さ50cmほどにまで成長する。大きくなっても柔らかい。イラクサ科に共通する卵型で鋸歯の目立つ葉をつけるが、ウワバミソウと違い左右対称で強い光沢と透明感がある。葉は対生。

野草・山菜

春〜初夏

さっと加熱しみずみずしさを楽しむ

大きくても柔らかいが青臭みが強い。加熱によって臭いは消せるが、加熱しすぎるとみずみずしさを失う。さっと茹でておひたしなど。

写真提供：（大）Qwert1234

野草・山菜

春〜初夏

歯ごたえを生かした調理に

エグみは少なく食べやすいが、独特の青臭さがある。この風味が好きならおひたしや胡麻あえなど。やや気になるなら天ぷらや卵と一緒に炒め物に。

アカザ・シロザ
ヒユ科

かつては野菜だった？ 身近で便利な食草

　庭先や河川敷、空き地、植え込みなどあらゆる場所で見かけるごくありふれた雑草のひとつ。標準和名のアカザは、とくに若い葉が赤くて細かい粉に覆われていることから名付けられたが、白い粉に覆われた個体のほうが多く見かける。こちらは通称シロザと呼ばれる。ホウレンソウと近縁種であり、若い葉の風味は似ているが、アカザのほうがよりキシキシしている。近世以前に帰化し、江戸時代には野菜として栽培されたとも。最近都心部ではより葉が細い近縁種がよく見られる。こちらは外来種もしくは交雑個体とみられ、同様に利用できるがやや硬い。

● 採れる場所
　身近

葉の独特なシルエットで見分ける

一年生の草本だが、成長が早く夏には草丈1mを超える。日当たりのよい場所を好み、ごく若いうちは卵型、やや成長すると三角形の鋸歯の目立つ葉をつける。葉柄が目立ち、互生。赤い粉、もしくは白い粉が吹いている若い葉が食用に向く。

アキタブキ
キク科

野草・山菜

春〜初夏

大きくても柔らかく食べやすい

フキ同様葉柄がメイン。表皮や筋をむきとり、下茹でしたのち煮含めたり炒め物に。直径4㎝、ラワンブキでは10㎝にも及ぶが柔らかい。

巨大で食べごたえのある「北のフキ」

東北地方北部以北に分布する巨大なフキ。馴染みのあるフキと比べるとネコとヒョウぐらい大きさに差がある。北海道ではごく普通の野草で道路脇や植え込みにも生えている。その巨大な葉の下に「コロポックル」という小人が住んでいるというアイヌの伝説があるが、筆者みたいな平均身長のおじさんでもその葉を屋根代わりにできる。フキノトウも巨大。足寄町の螺湾川という川沿いにはより巨大になる個体群があり「ラワンブキ」と呼ばれている。大きさと茎の空洞を生かして調理される。アイヌは生食するというが、アクがあるのであまりおすすめはできない。

● 採れる場所
身近

長さ2mもの巨大な葉柄と微毛で判別可能

キク科の多年草で、春先、雪解けとともに大きなフキノトウを土から出す。その後に現れる葉は成長すると直径は1.5m、葉柄の長さも2mにも及ぶ。フキ同様に雌雄異株であり、かつてアイヌは雄株のみを食用とした。大きさの割に苦みがまろやかで食べやすい。

アザミ類
キク科

野草・山菜

春〜初夏

食べごたえがあり
クセもない

葉には厚みがあり、やや強めのアクもある。茹でてしっかり水にさらしておひたし、胡麻あえ、白あえがおすすめ。天ぷらにするか、

鋭い棘に見合わぬ優しい味

深山から街なかまでさまざまな場所で見られる野草のグループ。この仲間には食用にできるものが多いが、とくに利用しやすいのはもっともよく見かけるノアザミと、郊外や里山で見られるモリアザミの2つ。ただし実際は似た亜種や中間的な特徴をしていて判別が難しいものも少なくない。全草を棘に覆われており、成長した葉では触ると痛く食用にも不適。巻いた若い葉が柔らかく利用しやすい。最近は外来種のアメリカオニアザミも多く見られるが、全体が凶器のように棘だらけで危険なため注意が必要。なおモリアザミは根も食用になる。

● 採れる場所
身近

**中心にある
巻いた若葉を利用する**

見つけやすく判別もしやすいので初心者にもおすすめの野草。有毒種のセイヨウトゲアザミ、食用不適なアメリカオニアザミは根生葉のときから立体的な葉をしているので、アザミを食用に採取するときは根生葉が平面的でぺったりしているものを選ぶとよい。

アマドコロ
キジカクシ科

野草・山菜

春〜初夏

柔らかく甘いが鮮度が落ちると苦い

茹でてから水にさらしマヨネーズを付けて食べると美味。炒め物にすると出色。古くなると苦みが増すのでできるだけ早く調理したい。おひたしもよいが

大人気の山菜だが似た毒草に注意

　日当たりのよい丘陵の斜面や里山の林縁で見られる。甘みがあり、地下茎がトコロに似ているためにこのような名前がつけられた。かつてはユリの仲間とされていたが、分類研究が進み現在ではアスパラガスと同じキジカクシ科に含まれる。アスパラガスと同じように新芽が食用になり、味のよさから高い人気を誇る。近年では栽培品が流通することも。よく似たナルコユリも食用になる。ホウチャクソウというよく似た毒草が存在するが、こちらは新芽のうちから茎が分かれるのに対しアマドコロ、ナルコユリは茎が分かれない。不安なら新芽を開いて確認するとよい。

● 採れる場所
里山

キジカクシ科は判別が難しいものが多い

横に伸びる地下茎から、筆を逆さにしたような形の新芽を伸ばし、あっという間に成長する。やや開いても食べられる。茎には縦筋が走り、触るとやや角を感じる。ホウチャクソウとは地下茎の形状の違いでも判別可能だが、地下茎を掘るのはおすすめできない。

野草・山菜

春〜初夏

酸味と食感を生かした調理に

皮をむいて調理する。塩もみし、水にさらしてから煮物や炒め物にされる。輪切りにしてじゃことと炒め、炊きたてご飯に混ぜ込むと最高。

イタドリ
タデ科

爽やかな酸味と食感のよさで偏愛する地域あり

空き地や道路の法面、線路脇、荒れ地の斜面などに旺盛に生え、地下茎が強固で駆除が難しいことから雑草として嫌われる。全体に酸味がありみずみずしく、スカンポやスイバなどの地方名で知られる。学校帰りにおやつ代わりにかじった記憶のある人も多いのではないだろうか。高知県をはじめいくつかの地域では下処理をしたものがスーパーで市販されており、山菜というより野菜としての扱いを受けている。一方で海外では日本原産の侵略的外来種として知られ、イギリスではこれが生えた土地の不動産価値が下落することから恐れられている。

● 採れる場所
身近

葉の付き方と独特の色味で判別する

春先、アスパラガスによく似た新芽を出す。大きく成長するものではしばらくアスパラガス状だが、通常は赤みの強い葉をすぐに展開させる。茎は「タケ状」で、成長は極めて早い。皮はむきやすく内部はみずみずしい。かじると梅干しのような爽やかな酸味がある。

イラクサ類
イラクサ科

野草・山菜

春〜初夏

若い芽を茹でたら万能食材に

棘には注意しながら採取し、迅速に茹でる。表皮をむいてからめんつゆに漬けて味を染みさせたものは絶品。マヨネーズとの相性もよい。

無骨な毒棘に守られたクセのない繊細な旨み

　イラクサ科イラクサ属にはいくつかの食用野草があり親しまれている。世界中にさまざまな種が存在するグループで、その多くが毒棘を持つ。棘にはギ酸やヒスタミンといった有毒成分が含まれており、敏感な人なら軽く触れただけで電撃のようなしびれを感じ、その後もジクジクとした痛みが続く。毒棘は加熱すると無毒化し刺さらなくなるため、少なからぬ種が食用にされている。とくに新芽のうちから太いミヤマイラクサは人気の高い山菜のひとつで、東北地方ではアイコの名前で親しまれる。アイには棘の意味があり、魚のアイゴと同じ語源とされる。

● 採れる場所
身近

シソのような葉に隠れた毒棘に注意

やや湿った谷間や林床など日が当たりすぎないような場所を好む。鋸歯の深い葉をつけ、全草に鋭い棘がある。棘は透明に近く見落としやすいため注意する。国内には中部地方以北にエゾイラクサ、本州と九州の一部にミヤマイラクサ、全国的にイラクサが分布している。

野草・山菜

春〜初夏

採れたらまずはウコギ飯で!

新芽や柔らかい若葉を採取し、新鮮なうちに茹でて水にさらす。塩もみして刻み、ご飯に混ぜて「ウコギ飯」にすると香りよくいくらでも食べられる。

ウコギ類
ウコギ科

小さいけれど香りが鮮烈な美味山菜

　タラノキやウド、コシアブラなど山菜界の一軍メンバーが揃うウコギ科の代表種。エゾウコギ、ヤマウコギ、ヒメウコギなどいくつかの種類があるがいずれも食用になる。タラノキやコシアブラのような大きな新芽を付けないため1食分集めるのはやや手間だが、知名度が低くライバルが少ないのはありがたい。5枚の小葉を手のひらのように開いた特徴的な複葉と、葉を揉んだときに立つ、ウコギ科特有の爽やかで食欲の湧く香りが特徴。枝に鋭い棘があり採取の際は注意が必要。この存在と、食用にできることから生け垣として植えられることもあった。

● 採れる場所
身近

特徴的な複葉と香りで見分けられる

よく見かけるのはヤマウコギとヒメウコギ。ヤマウコギは比較的広い地域の山野で見かけるが小さい株が多い。ヒメウコギは中国原産の帰化種と考えられており、人里近くに多い。ヒメウコギは葉が展開する前が食べ頃だが、ヤマウコギは展開後も食べられる。

ウド
ウコギ科

野草・山菜

春～初夏

生でも加熱でも美味

皮をむいて酢水にさらしてぬたやサラダに。展開した葉も柔らかいうちは天ぷらに向く。むいた皮や先端部はきんぴらに。

市販品と天然物はまるで別物

　ウコギ科の大型多年草で言わずとしれた人気山菜。春先に地上に出てくる新芽を利用するが、ある程度成長した株でも先端部は柔らかく美味しい。なお草本なので「ウドの大木」という言葉は厳密には正しくない。ウコギ科山菜に共通する爽やかな青い香りがある上に、この仲間の中では珍しく生食も可能。その便利さ故に栽培も行われているが、栽培個体の多くは軟白栽培、もしくはそれに近い方法で育てたもので、可食部は多くアクもないが風味は弱い。採取時、引っ張ると一番美味しい根際がちぎれてしまうので、少し掘って刃物で切り取るようにする。

● 採れる場所
里山

粗い毛と独特の香りで判別する

日当たりのよい斜面に群生する。セリ科の野草に似たものが多いが、ウドの葉柄に生える毛には粗さがあるのに対し、セリ科のそれはビロード状に滑らか。またセリ科とウコギ科は香りが大きく異なるので、市販のウドとセリなどを日頃から嗅ぎ比べておくとよい。

野草・山菜

春〜初夏

「ミズとろろ」が絶品

葉を取り、茎の皮をむき、さっと茹でてから包丁でよく叩くとぬめりが出る。めんつゆや味噌で味付けしたのが「ミズとろろ」。

ウワバミソウ
イラクサ科

夏に食べたい爽やかな風味と食感

河川の上流域の水辺や岩肌から湧水があるところ、山道の法面の雨水が湧き出すところなど水しぶきがかかるような場所を好む。ときに大群生し、中に大蛇が潜んでいるように思えるためにウワバミソウと呼ばれる。食材としてはそのみずみずしさからミズと呼ばれることが多い。群落ごとに株のサイズが異なるため、大きな株の群落を見つけて採取したい。可食部は茎（葉柄）で、太ければ太いほど柔らかく、逆に細いものは余り食べる価値がない。東北日本では小指ほどの太さになるものが採取され、しばしばスーパーにも並ぶ。茎につくむかごも美味。

● 採れる場所
水辺

沢沿いや大きな河川上流部を歩いて見つける

水量が豊富なところに生えている株のほうが大きくなり、また気温が低いほうが大きく育つようなので、大きな河川上流部の沢筋のようなところを探すと良質のものが見つかる。太ければ太いほど赤みが強くなり、同じ仲間のアオミズに対して「アカミズ」と呼ばれる。

野草・山菜

春〜初夏

塩蔵後、戻して煮物に

採取したらすぐに茹で、数カ月塩蔵したのち、流水で塩を抜いてから油で炒め、しいたけやタケノコなどの具と一緒に甘辛く煮ると美味しい。

エゾニュウ
セリ科

クマも大好き？な北の人気山菜

　北日本の山地の沢沿い、林縁などに群生する大型のセリ科植物。ウドに似ているが茎に毛がなくて光沢があり、葉柄の下部に紫色の斑点が出る。ニュウとはアイヌの言葉でこの仲間の山菜を指し、近縁種にアマニュウがある。東北地方ではニョウサクやエニュなどの名で呼ばれ、非常に人気の高い山菜のひとつ。アクが極めて強く、そのまま料理すると舌がしびれるような感覚があるが、ひとたび塩蔵するとアクが抜けて甘みと軽やかな野性味のある美味しい山菜となる。冬眠明けのクマの好物であるといわれており、採取の際は注意が必要。

● 採れる場所
里山

寒い地域に多い。北に行けば行くほど採りやすい

セリ科の大型種には似たようなものがいくつかあり、判別には詳細な写真が載っている図鑑が必要。自信を持って判別できるまでは採らないのが無難だが、ぜひ覚えて利用したい。寒い地域に多く、北海道では国道脇の空き地みたいなところにも山のように生えている。

野草・山菜

春〜初夏

苦みが気になれば油分を使う

茹でておひたしや煮物が美味しいが、苦みが気になる場合は茹でて水さらしした後に炒めると美味しい。天ぷらも無難に美味しい。

オオバギボウシ
キジカクシ科

もっとも山菜味を残した野菜

　林床や沢沿いなど湿り気のあるところを好み、条件がよければ大きく成長する。オオバギボウシのほか、葉の小さいコバギボウシも同様に利用できる。縦に並ぶ葉脈が美しく、葉に斑が入る株などは観葉植物としても愛される。地表から出たばかりのラッパ状に巻いた葉が食用にされるが、展開した葉でも葉柄部分は食用にできる。山菜としてはウルイの通り名が非常に有名で、栽培品もこの名で流通することがほとんど。野菜と思って食べると予想外の苦みにびっくりするが、同時にアスパラガスのような旨みと甘みも感じる。似た毒草があるので注意したい。

● 採れる場所
里山

毒草のバイケイソウとの混同に注意

春先にラッパ状に巻いた若葉が地表に顔を出し、やがて伸長して展開する。展開後も葉柄は地表付近から分岐するのに対し、よく似た毒草バイケイソウは茎が伸びて途中から葉柄が伸びるので判別可能。不安があれば伸長した葉の葉柄のみ利用するとよい。

オカヒジキ
ヒユ科

野草・山菜 / 春〜初夏

シャキシャキした歯ごたえを楽しむ

さっと茹でて軽く水にさらし、刻んでポン酢をかけて食べるといくらでも食べられる。鍋に入れたり、天ぷらにしても美味しい。

もはや野菜として知られる浜辺の優等生

アマランサスなどと同じヒユ科に属するが、見た目は似た植物があまりない不思議な野草。全国の浜辺に生え、陸に生えるヒジキという意味の名前のとおり、多肉質の尖った枝を四方に伸ばし這うようにしながら成長する。春から初夏にかけては柔らかく全体を食用にできるが、盛夏になると見た目は変わらなくても硬くなり、触ると痛いほどでこうなると食べられない。若葉はシャキシャキという歯ごたえの権化のような存在で、わずかにある塩味と合わさって非常に美味。現在では全国各地で盛んに栽培され、スーパーで見ない日はない。

● 採れる場所
海辺

同じような太さで葉と茎の区別がわかりにくい

横に這う枝から、同じような細さの若葉を数多く伸ばし、海藻のヒジキやミルによく似た見た目となる。はじめのうちは柔らかくそのまま摘み取れるが、やがて茎から徐々に硬くなる。天然物と栽培品に風味の差はほとんどない。消化はあまりよくない。

野草・山菜

春〜初夏

旨みと爽やかな苦味がよい

摘んで容易に折れるほどの柔らかさの部分だけを採取し、さっと茹でて水にさらしてからおひたしに。マメのような旨みと食欲の湧く軽い苦みがある。

カラハナソウ類
アサ科

野生のホップはつるが美味しい

　寒冷地に自生するアサ科のつる性多年草。ビールの原料として有名なホップ（セイヨウカラハナソウ）と近縁のカラハナソウが日本に自生している一方、北海道ではホップそのものも野生化し、外来植物として各地で見られる。細かい棘がたくさん生えたつるを伸ばし、木に絡みついて伸びる。秋になると独特の松かさ状の毬花をつけるが、その中にあるルプリンという黄色い樹脂に強い香りと苦みがある。カラハナソウはルプリンが少なくハーブとしての利用は難しい。ドイツではホップのつるを食用にすると聞き、カラハナソウも試してみたら予想以上に美味であった。

● 採れる場所

里山

鋸歯の多い葉と棘だらけのつるを見つける

日当たりのよい林縁や草むらに棘の多いつるを伸ばす。葉の形状はビール缶に印刷してあるホップのイラストで見慣れているため見つけやすい。春先、地表から出てきたばかりのつるの先端を食材として用いる。北海道では草原に大量に生えているため採取は容易。

カラムシ
イラクサ科

野草・山菜 ｜ 春〜初夏

若葉は茶に、茎はおひたしに

柔らかく若い葉を摘み取り、乾燥させて茶に。また天ぷらに。茎は茹でてからめんつゆに漬け込み、皮をむいて一口大に切ると上品なおひたしになる。

繊維にも茶にも食材にもなる便利な野草

　河川敷や土手、道路の脇などの日当たりのよい場所に群生するイラクサ科の野草。古代から繊維を採るために栽培されてきたので、人里近くなら大体見られる。漢字だと「苧」の一文字で表すことからも、身近な植物であったことがわかる。よく似たヤブマオが葉は対生し均整な見た目をしているのに対し、カラムシは螺生（らせい）するのでちょっとモサッとした印象を受ける。若い芽は葉や茎を食用にでき、アクも少なくて美味しい。若葉を乾燥して茶にすると心地よい香りがする。カラムシの葉を好んで食べるフクラスズメという蛾の幼虫がおり、大きな毛虫でぎょっとするが毒はない。

● 採れる場所
身近

互生し、円を描くようにつく葉が特徴

シソに似ているが細かい毛に包まれた葉が特徴で、互生し、上から見ると葉が回転しているように見える。とくに頂部は葉が密生している。食べて美味しいのは40cmくらいまでの大きさだが、もっと大きいものでも茎が柔らかければ食べられる。

クサギ
シソ科

野草・山菜 / 春〜初夏

茹でて干し、戻してから調理

若い葉を長めに茹でて、一晩水にさらし、日干しか電子レンジでしっかり乾燥させて保存する。食べるときは湯で戻し、甘辛く炒めてご飯に乗せる。

臭くもないし美味しい有用雑木

　日本ではやや珍しい「シソ科の木本」。空き地や道路の脇、造成地、林縁など他の樹木がない場所に真っ先に生えてくるパイオニア植物のひとつ。葉をもむと悪臭がすることが名前の由来だが、どちらかというとエゴマのようなスッとしたよい香りだと思う。若い葉はアクが強いが食用にする地域があり、岡山県の山間部ではくさぎ菜と呼ばれ、これを用いた伝統料理「くさぎ菜のかけ飯」が知られる。厚みのある葉は歯ごたえがよい。白い独特な花をつけた後、赤いがくに包まれたきれいな青色の果実をつけるが、これを草木染めに用いるときれいな水色になる。

● 採れる場所
身近

柔らかく白い毛に包まれた、対生する葉が特徴

葉はきれいに対生し、ちぎってもむと独特のゴマのような香りがある。先端の若い葉は白い微毛に覆われ手触りがよい。この毛に包まれている葉を食用にできる。成長した葉は硬くエグみも強いので美味しくない。成長した木でも先端部の若葉は食べられる。

サクラ類
バラ科

野草・山菜

春〜初夏

蕾や若葉を採取する

木の花や若葉を採取し、さっと茹でて塩漬けにする。桜湯や餅を包む以外にも、細かく刻んでちらし寿司に乗せてもよい。

クマリンの香りが魅力

　日本の国花であるソメイヨシノをはじめ、さまざまな改良品種がある。春先はその美しい花に注目を集めるが、葉桜になって以降は毛虫や害虫が湧くために嫌われがち。観賞用としては一重のものが好まれるが、食用としては八重桜が使われる。桜の花を塩漬けにして、それにお湯を注いだものが桜茶。また葉を塩漬けにしたものは桜餅を包む際に使われる。独特の芳香はクマリンという物質によるもので、これはサクラの細胞組織が破壊されることで発生する。サクラの葉を食べるモンクロシャチホコの幼虫は、美味な虫として知られる。

● 採れる場所
身近

サクラの仲間はいずれも利用できる。

さまざまな品種があるが、食用にされるのはオオシマザクラが多いようだ。サクラであれば量の多寡こそあれクマリンを含み食用にできる。ただしクマリンは多量を継続的に摂取することで肝毒性が現れる可能性があり、食べ過ぎるのはよくないかもしれない。

野草・山菜

春〜初夏

用途によって部位を使い分ける

ごく若い葉は鶏肉とともに鍋の具に。成長した葉は香りつけに。青い実は茹でてアク抜きし佃煮に。熟した果実は粉にしてスパイスに。

サンショウ
ミカン科

小粒でも強烈な香りは唯一無二

各地の林床に生えるミカン科の小低木で、古くから知られたハーブ。全体に爽快感のある強い香りがあり、和食には欠かせない存在。葉を乾燥させて粉にしたものが山椒粉で、肉や魚の臭み消しとして重宝される。初夏に花が咲き、やがて果実をつける。青いうちに採取して加工するのが普通だが、熟して割れた果皮を粉にするとスパイスとしても用いることができる。中華料理の「麻」はサンショウの近縁種であるカホクサンショウだが、日本のサンショウの実も十二分にしびれる。ごく若い葉を、伸展したばかりの柔らかい枝ごと採取して鍋の具材に用いることがある。

● 採れる場所
身近

怪しい葉を見つけたら匂いを嗅いでみる

日当たりが悪く湿り気のある場所を好み、ときに数メートルになる。実生の小さな株は林床のあちこちで見つかるが、大きく成長したものを探して利用する方がよい。葉は典型的な羽状複葉で、ちぎるとサンショウ特有の香りが立つのですぐにわかる。

シャク
セリ科

野草・山菜

春〜初夏

さっと茹でてさまざまな料理に

アクが少なく生でも食べられるが、茹でると柔らかくなり甘みが出る。マヨネーズを付けて食べるだけでも非常に美味しく、おひたしやあえものにもよい。

ヤマニンジンの名で愛される山菜

ニンジンやセロリと同じセリ科の野草で、道端や川沿いなどの日当たりのよい場所に群生する。九州以北に分布し、北日本にはとくに多い。日本ではヤマニンジン、海外ではワイルドチャービルの名で山菜やハーブとして愛される。若い葉や茎には葉ニンジンやセロリのような爽やかな香りがあり、加熱すると甘みが出て歯ごたえもよく、非常に美味。成長した株でも先端付近は柔らかく、利用できる。ただし同じセリ科の猛毒植物ドクニンジンに似ており、どちらも生えている北海道では採取時に注意が必要。ヤブジラミとも似ているがシャクのほうがはるかに大きくなる。

● 採れる場所
身近

セリ科らしい花と香気で判別する

草丈1mを超えるやや大型のセリ科植物。茎は太さ2cmに達し、縦筋がよく目立つ。葉柄は茎を抱くようにつく。茎は中空で柔らかく、ちぎると強く香る。ドクニンジンは根際の茎に赤紫色の斑点がつくこと、香気がなくカビ臭さのような不快臭があることで判別できる。

野草・山菜

春〜初夏

さっと茹でて歯ごたえを楽しむ

アクは少なく、さっと茹でるだけでさまざまな料理に使える。塩でもみ、ご飯に混ぜ込んだスミレ飯はおすすめ。花の砂糖漬けはウィーンの銘菓。

スミレ類
スミレ科

可憐な花ごと食べられる

　美しい花をつけることで知名度の高い野草。オオバキスミレ、タチツボスミレ、スミレサイシンなどの種が比較的身近に見られる。可憐な花に見合わず強い生命力があり、アスファルトの割れ目からもしばしば顔を出す。花を愛でるだけでなく、食用としても古くから活躍してきた。スミレの仲間は、栽培種であるパンジーを含め多くが食用になる。花はいわゆる「エディブルフラワー」で、食卓の彩りや砂糖漬けのお菓子として活用される。華やかな香りがあり、チョコレートのフレーバーとしても流行りのもの。ただし根や種子には毒を含むものがあるので注意。

● 採れる場所
身近

花の色や葉の形はさまざま。独特な形状の花が特徴

花の色や葉の形は非常にさまざまだが、花のシルエットだけはどの種を見ても「スミレだ!」とわかるのはとてもありがたい。種類によって味が違うという話もあるが筆者はあまり気にしたことがない。砂糖漬けにするなら香りの強さ的にも紫色のものがよい。

セリ
セリ科

野草・山菜

春〜初夏

香りを生かして食べると吉

鍋の具材として使われることが多い。さっと茹でて胡麻あえや辛子あえも美味。仙台名物せり鍋の流行もあり、アクが少ないので下茹でなどは必要ない。

もはや野菜として認識される草

全国の水辺や湿地帯に生えるポピュラーな野草。ニンジンやセロリ、パセリなど数多の香り系野菜を含むセリ科の代表種であり、セリ自体も独特の強い香りをもつ。清流に生えるイメージが強いが、湿り気さえあれば流れのないところにも群生する。ただし流れがある場所のほうが草丈が高くて高品質なものができる。水田で栽培したものは田セリと呼ばれ人気が高い。しばしば誤食事故が発生するドクゼリはセリと比べると小葉が細長く、また草丈が非常に大きい。加えて地下茎がタケノコのように肥大するので判別は容易。不安があれば根ごと採取するとよい。

● 採れる場所
水辺

特徴的な羽状複葉と香りで判別できる

独特の複葉で葉柄が長く、地際から生える根生葉と、株立した茎から生える葉がある。株立する茎は株が紫がかることがある。表面はつるつるして無毛。セリ独特の香りがあり判別は難しくない。ドクゼリとはタケノコ状地下茎の有無で判別する。

野草・山菜

春〜初夏

歯ごたえを生かした料理に

茹でて水にさらし、おひたしや胡麻あえ、クルミあえに。ほろ苦さが心地よく、わずかなぬめりとジャキジャキした歯ごたえが身上。

ダイモンジソウ
ユキノシタ科

ユキノシタよりも利用範囲が広い

　ネコの手のような形状をした葉をつける、ユキノシタ科の野草。花が「大」の字に似ていることからこの名がついた。九州以北に分布するが、やや冷涼な気候を好み北に行くほど多くなる。天ぷらにすると美味しいことで知られるユキノシタによく似ているが毛がなく、葉は薄くて一回り以上大きい。沢の岩の上にへばりつくように生えることからイワブキと呼ぶ地域もある。ユキノシタと比べると弱々しいがアクが少なく、歯ざわりもよくて食べやすい。ときに「天ぷら専用機」と呼ばれるユキノシタよりも使い勝手はよい。加熱するとぬめりが出るのも好ましい。

● 採れる場所
里山

独特の形状の葉と、そのつき方に注目

すべての葉が地際から直接伸びる根生葉で、株立するのは花茎のみ。葉はユキノシタを叩いて延ばしたような形状をしており、鋸歯の切れ込みはユキノシタよりも大きい。全体に毛がなくツルッとしており、葉の大きさに比べて葉柄が細い。大きくなっても柔らかい。

タネツケバナ
アブラナ科

「庭のクレソン」と呼ばれる便利な野草

水辺や湿気の多い日陰の土地を好むみ、水田においては厄介な雑草。見た目は小さいクレソンといった感じで、同様にピリッとした辛さがあることから英語ではガーデンクレスと呼ばれる。和名はこの草が花を咲かせる頃にイネの種籾を水につけ、発芽させるとされたことから。都心部では外来種のミチタネツケバナをよく見かけるが、こちらは日当たりのよい乾燥した土地を好む。両種とも食用にできる。全草が柔らかく、クレソン同様に利用できる。大きなものはやや苦みが気になることがあるので、その場合はさっと茹でて水にさらす。

● 採れる場所
身近

**小さいが
アブラナ科らしい咲き方の花**

クレソンと同じような場所に生え、しばしば間違えられるが、同じアブラナ科で同様の風味があり、同様に利用できるのであまり気にしなくてよいかもしれない。花は小さいが咲き方やシルエットは典型的なアブラナ科のそれ。北海道ではアイヌワサビと呼ばれることもあるそう。

野草・山菜 春〜初夏

さっと湯通しして各種の料理に

さっと茹で、軽く水にさらしてからおひたしや辛子あえに。クレソンのように肉料理の付け合わせに用いてもよい。混ぜご飯にしても美味しい。

野草・山菜

春〜初夏

天ぷらが一番だがほかの料理にも

コロッとしてコクと歯ごたえに富み、天ぷらにすると最上。芽があまり伸びていない締まったものは茹でて胡麻あえやクルミあえにすると美味しい。

タラノキ
ウコギ科

知名度、味ともに山菜の王様格

　荒れ地、斜面、造成地、海岸沿いなどに生える低灌木。森林が切り開かれたり、道路が通されたりするとまっさきに生えてくるパイオニア植物。山菜に詳しくなくても「タラの芽」だけは知っているという人も多いのではないだろうか。もっとも人気の高い山菜で、全体が強い棘に覆われているにもかかわらず、目立つ場所に生えているものはおおむね一番芽が採取済みとなっている。二番芽以降を採ると木自体が枯れてしまうので厳禁。最近では木を切って持ち帰り、水につけて芽吹かせて採取するという強欲な輩もいて嘆かわしい。栽培品は棘が少ないかほとんど無い。

● 採れる場所
里山

鋭い棘と滑らかな毛に覆われた芽を探す

全体が太く短い棘に覆われており、芽にも赤く小さい棘が生えている。幼木のうちは頂点のみに新芽をつける。独特のひょろっとした樹形と棘で判別は容易。ミカン科のカラスザンショウと似ているが、こちらは小葉が細長く、折ると人工的な柑橘系の香りがある。

ツユクサ
ツユクサ科

野草・山菜 / 春〜初夏

歯ごたえと甘みが薄味の料理に向く

さっと茹でておひたしや辛子あえ、汁の実などにする。クセがなく強い味もないが、シャキシャキした歯ごたえとほのかな甘みがあって美味。

青い花がかわいらしいが、味も意外とよい

庭先や道端のようなちょっとした隙間に生える身近な野草。青い花びらが特徴的で知名度も高い。この花びらを使って色水を作ったことがある人も多いのではないか。ツユクサという名前から梅雨時期に花を咲かせるようなイメージがあるが、秋の終わりになっても元気に咲かせている株もある。全草が食用にでき、筋張っているように見えるが意外と柔らかく、アクもクセもほとんどない。もちろん花も食べることができるが、目立った味もないので寒天寄せなど見た目重視の調理法に向く。花が白いシロバナツユクサという変種があり、こちらも食用にできる。

● 採れる場所
身近

2枚の青い花弁がついた花は間違えない

2枚の花弁が上部につき、雄蕊と雌蕊を下方向に伸ばす独特の形状の花をつける。マルバツユクサ、ナンバンツユクサなどいくつかの近縁種があるが、いずれも同様に利用できる。判別においてはその独特な花が咲いていることを確認すれば間違えようもない。

ニンニクガラシ
アブラナ科

侵略的外来種

野草・山菜 / 春〜初夏

生食が一番わかりやすい

若く柔らかい葉を採取し、よく洗ってサラダのトッピングに。さっと茹でておひたしや胡麻あえにしても美味しい。生魚との相性がよい。

北海道で増えつつある危険で便利な野草

　21世紀になって確認された新顔の外来植物。アブラナ科の多年草で、鋸歯の目立つ円形の葉が茎に互生する。全草にニンニクやニラのような臭気があり、草を踏むと周囲に香りが立ち上る。札幌市内の動物園で使われていた飼料にこの種子が混ざり、逸出して野生化したと考えられている。現在では同市内の河川敷でも見られる場所が増えており、今後は侵略的外来生物として駆除の対象になる可能性もある。原産地ではハーブとして用いられており、独特の強い香りとクレソンに似た辛み・苦みが心地よく、食用野草としては非常に有望といえる。

● 採れる場所
身近

アブラナ科らしい花とらしからぬ葉

草丈数十cmほどで茎は直立し、直径5cmほどのシソを丸くしたような形状の葉が互生する。根はダイコンや山ワサビに似ており、強い辛味がある。1つの株にたくさんの果実がつくので、繁殖力が高いことが推測される。拡散に寄与してしまわないよう注意が必要。

ハナイカダ
ハナイカダ科

野草・山菜

春〜初夏

香りのよさを生かした調理法で

若い葉を茹でて水にさらし、塩でもんで水気を絞り、炊きあがったご飯に混ぜる。天ぷらには少し大きめの葉を用いると香りや風味がわかりやすい。

愛でてよし食べてよし

葉の中心に花が咲き、果実がなるという非常に独特な形態をした植物で、初心者でも間違えるリスクがない。花が葉でできた筏の上に乗っているように見えることからこの名がついた。いくつかの近縁種とともにハナイカダ科を構成する。落葉低木で山地の林床に多く、一カ所に複数の株が見られることが多い。ママコやヨメノナミダといったちょっと変わった地方名を持つ。若い葉には柑橘のような香気があり、噛むと爽やかな酸味と軽やかな苦みが感じられる。この葉で作る菜飯はままこ飯と呼ばれ、菜飯界ではトップクラスの味わい。天ぷらも人気の高い調理法。

● 採れる場所
里山

若葉で作る「ままこ飯」は絶品

もともとは葉の付け根から花茎が伸びて花を咲かせていたが、進化の結果このような形態になったと考えられている。似たような形態のものはほかにはなく、間違えようがない。葉の採取時は明るい黄緑色で柔らかいものを選ぶようにする。

野草・山菜

春〜初夏

サクサクして旨みが強い

若いつるの先端を採取し、茹でて水にさらしてからマヨネーズを付けて食べる。おひたしやあえものにしてもよい。下茹でしてから鍋の具にも。

ハマエンドウ
マメ科

海岸に生える野生の「豆苗」

　全国の海岸に群生するマメ科野草で、全体がえんどう豆によく似ているが別属。砂浜に半ば埋もれるようにしながらつるを伸ばし、ときに埋め尽くすように生える。春から初夏にかけて伸びる柔らかいつるの先が食用にでき、アクが少なくてよい歯ごたえと旨みがある、市販される豆苗と非常に近い味。実際、北海道では野菜として扱われることもあるという。若いさやや豆も食用にできる。採取しやすく美味しい便利な野草だが、近縁種のスイートピーと同様の毒成分をわずかながら含むため茹でてからしっかり水にさらす。なおスイートピーはよく知られた強毒植物。

● 採れる場所
海辺

マメ科らしい葉と花を海岸で探す

つるは地面を這うが、えんどう豆のそれとよく似ている。典型的なマメ科の羽状複葉で、初夏になるとこれまたマメ科らしい紫色の蝶形花をたくさん咲かせるので非常にわかりやすい。採取の際は明るい黄緑色で柔らかそうなところだけを採る。

フキ
キク科

野草・山菜

春〜初夏

春先から初夏まで利用できる

フキノトウは天ぷらにしたり、細かく刻んで水にさらして炒め物にする。葉柄は皮をむいて茹でて水にさらし、甘辛く煮含めると美味しい。

山菜界随一の知名度

　おそらく日本でもっとも有名な食用野草。春先、地方によってはまだ雪も残る中に顔を出す花茎はフキノトウと呼ばれ親しまれる。円の一部を欠いたような形状の大きな葉をつけるが、この葉をトイレットペーパーの代わりに使ったから「拭き」という名前がついたという説がある。フキノトウは春を告げる食材として知られ、また葉柄を煮物に使うことも多く、春から夏にかけては山菜というよりも野菜に近い存在といえる。ただしフキのアクは有毒であり調理時には注意が必要。北日本にはアキタブキという大きくなる亜種が分布しており、葉の直径は1mにも及ぶ。

● 採れる場所
身近

葉の形状は独特だが似たものもある

地下茎から直接葉柄を伸ばし葉をつける。この葉の形状は特徴的だが、ツワブキやキンポウゲ科のリュウキンカなど一見すると似たものもあり、花茎の形状などにも注意するとよい。アク成分はフキノトキシンと呼ばれ毒性は強いが、水溶性なのでよく水にさらす。

野草・山菜

春〜初夏

歯ごたえのよさと香りを楽しむ

ごく若い葉を採取し、さっと茹でて水にさらし、胡麻あえに。塩でもんで細かく刻み、炊きあがったご飯に混ぜる「菜飯」は香り高くて美味しい。

ミツバウツギ
ミツバウツギ科

マイナーだが通好みの山菜

　低木で花のきれいなウツギという木があり、それとよく似ていてかつ葉が三出複葉のためこの名前がついた。ただし植物分類学上は縁遠い存在。日本三大有毒植物のひとつドクウツギとも縁遠いのだが、芽出しのときはやや似ているので注意が必要。成長すると葉の形がまったく異なるので判別はたやすく、食用にあたっては地表からの芽出しではなく、成長した木の若葉を採取するのが安全。木の芽を食べるタイプの山菜としては知名度は高くないが、古くから食事の増量材として珍重された。このような野草食材は「かてもの」と呼ばれる。

● 採れる場所
里山

三出複葉と白い花で判別できる

落葉性の低木で、人の背丈よりも少し高いくらいのものが多い。谷沿いや池のまわりなど湿度の多い場所を好む。灰褐色の細い枝をたくさんつけ、枯れたあとも残るので古い枯れ枝と新しい枝が同時に見られる。茹でるとホウレンソウを茹でたときのような香りが出る。

野草・山菜

春〜初夏

サクサクの歯ごたえ、華やかな香り

酢を少し垂らした湯でさっと茹で、冷水に取り10分以上さらす。水気をよくきり、一口大に刻んで甘酢とあえて食べると美味しい。

モクレン
モクレン科

巨大な花びらは香りがよい

　モクレン科の落葉高木で、中国原産だが全国各地に植栽されている。花弁の長さが10cmを超える大きな紫色の花が美しく、庭木として人気がある。似たもので花弁が白いハクモクレンがあり、区別するためにこちらをシモクレンと呼ぶことがある。わが国原産の近縁種としてコブシ、タムシバなどがあるがモクレンより花が小さく、花弁が白色。いずれもまとめて「辛夷」という漢方薬原料となるが、食用にもできる。精油成分を含み甘い香りや柑橘系の香りがあるのが特徴。ただし苦みもあり、酢を入れた水で茹でたり、調理時にも酢を使うと食べやすい。

● 採れる場所
身近

大きな紫色の花で まず間違えることはない

モクレンは住宅街や公園でも非常によく見かけ、花が咲いているときは間違えることはない。コブシやタムシバの花も6枚の花弁に3枚のくがついた特徴的な見た目をしている。傷みのない花弁を採取して食用にする。採取後すぐに苦みが出るのでできるだけ早く調理する。

野草・山菜

春〜初夏

さっと茹でて胡麻あえが至高

キク科独特の香りと甘み、ほろ苦さのバランスがよい。個人的には胡麻あえが一番美味しいと思う。おひたしや酢味噌あえもよい。

モミジガサ
キク科

スーパーで見かけることもある人気の山菜

　沖縄以外の全国に分布し、山林の薄暗い林床に群生する。葉の形がモミジに似ているのでモミジガサと呼ばれるが、山菜の世界ではシドケという名前が通りがよい。草丈30cm程度までの若い株を食用にし、茎も葉も食べることができる。キク科の野草で香りがよく、東北地方や中部地方内陸部ではもっとも人気のある山菜のひとつ。近縁種にヤブレガサがあり、成長するとよく似ているが、モミジガサは新芽の頃から毛がないことから判別できる。まれにこれと間違えてトリカブトを誤食してしまう事故があるが、葉の形状や香りがまったく異なる。

● 採れる場所
　里山

傘を被ったような
ユーモラスな独特の形状

芽出しの頃は全体的に柔らかく、葉が傘状にカーブしている。モミジの葉の傘を両手に持って開いているようなユーモラスな形状をしており、これで見分ける。葉が互生していることもポイント。折り取ると春菊のような爽やかな香りがする。

ヤマドリゼンマイ
ゼンマイ科

野草・山菜 / 春〜初夏

乾燥させて戻してから調理

新芽の綿毛を取り、茹でるか蒸かしてから軽くもみ、湯で戻して水洗いし、煮含めたり油で炒めてから食べる。そのまま乾燥させる。

まったく別種だがゼンマイと同じように使える

北海道から九州にかけて分布する食用のシダ植物。ゼンマイと比べてかなり北方寄りの種であり、西日本では基本的に高山地帯にのみ生える。北に行くほどよく見かけるようになり、北海道では郊外でも普通に見られる。名前にゼンマイとついているが別属の植物で、ゼンマイとは「若い芽が綿毛を被っていること」という点が共通するもののそれ以外はまったく似ていない。春先、まず焦げ茶色の胞子葉を伸ばし、それから栄養葉を伸ばす。食用になるのは栄養葉の方。ゼンマイ同様にアクが強く、食べられるようにするのに手間がかかる。

● 採れる場所
里山

巨大で直立する胞子葉と綿毛付きの新芽

葉が1m以上になる大型のシダで、前年の枯れた葉が残るなか新たな芽が出てくる。直立する胞子葉は非常によく目立つ。その後から伸びてくる綿毛を被った新芽は明るい黄土色〜オレンジ色でこれもまた目立つ。1つの株から採取する芽は1〜2本にとどめておくこと。

野草・山菜

春〜初夏

加熱しすぎず食感を生かす

根元の硬い皮はむき、数分茹でてから冷水に長めにさらしてから調理する。油との相性がよく、マヨネーズを付けて食べたりクルミあえにする。

ヤマブキショウマ
バラ科

コリコリシャキシャキした食感が人気の秘訣

　北海道から九州にかけて分布するバラ科の多年草で、北に行くほど標高の低い場所でもよく見られるようになる。斜面を好み、日当たりがよいがよすぎないような場所でよく見かける。ヤマブキの木とサラシナショウマという野草に似ているから名付けられたもので、ほかにもトリアシショウマというよく似た野草がある。サラシナショウマ、トリアシショウマも山菜として扱われるが、食べて美味しいのはヤマブキショウマ。コリッシャキッとした食感にアスパラガスのような風味が魅力的。ただしアクが出るのが早く、採ったあとすぐに茹でないと苦みが出て食べづらくなる。

● 採れる場所
里山

葉脈の目立つ
9枚の小葉が特徴

ヤマブキや木苺類と同じバラ科で、葉脈の目立つ葉が特徴。三出複葉が2度展開する形で、ひとつの葉に3×3＝9枚の小葉がつく。葉は対生し、葉柄は表面はツルッとして無毛。トリアシショウマは全体に毛があり、葉は同じ場所に3枚つく。

ワサビ
アブラナ科

野草・山菜

春〜初夏

香りを楽しむ。醤油漬けやおひたしに

香り成分は熱に弱いので、熱湯を回しかけてからすぐに冷水に取り、水気を切って刻んで醤油漬けやおひたしに。酒粕とあえて即席わさび漬けにしても。

天然物は葉を利用する

　日本食に欠かせないアブラナ科の多年草。きれいで冷たい水が流れる沢沿いを好み、点々と群生する。葵型をした光沢のある黄緑色の葉はよく目立ち、ちぎってもんだり口にいれるとすぐにそれとわかる。山の環境悪化により沢が枯れたことで自生株は減少しているが、ワサビ田から逸出したものが沢の下流に点々と生えているのでそれを利用するとよい。天然物の地下茎は小さく、資源保護のためにも利用しないほうがよい。葉、葉柄ともに強い香りと風味があるのでこちらを利用する。その際も1つの株からたくさんの葉を採取してはいけない。

● 採れる場所
水辺

独特の形状の葉を見つけたらちぎってみる

日本特産。ハート型で光沢があり、葉脈の目立つ根生葉を複数つける。葉は大きいと幅20cmほどになり、遠目にもよく目立つ。全体に強いワサビの香りがある。葉柄を引っ張って取ろうとすると地下茎ごと抜けてしまうことがあるので、必ず爪でちぎるようにして採取する。

野草・山菜

春〜夏

春菊と同じ使い方で美味しい

春菊の香りを倍にしたような強い風味とほろ苦さがあり、天ぷらにすると非常に美味。汁蕎麦に乗せて食べたくなる。春菊好きにはたまらない味わい。

侵略的外来種

セイタカアワダチソウ
キク科

著名な有害外来種だが、春菊みたいに食べられる

明治時代に北アメリカより園芸目的で移入され、分布が拡大。今ではほぼ全国で見られる外来植物。草丈が高く、黄色い花が非常に目立ち、この花を水に入れてかき混ぜるとサポニンの作用で泡立つため、セイタカアワダチソウの名がついた。根からアレロパシー物質を出し周囲の植物を弱らせて繁殖するため、一時期は日本中がこの草に覆われる勢いであったが、日本の土壌で生育するには向いていない植物であるといわれ、最近は往年の勢いはない。秋の花粉症の原因と思われがちだが、虫媒花であり花粉が風で飛ばないので花粉症の原因となる可能性は低い。

● 採れる場所
身近

誰もが見たことのある黄色い花

春に地上に芽を出し、真っ直ぐ上に伸びながら葉を展開させていく。頭頂部の芽は複数の葉が集まって閉じる形になっており、この部分が食用に向く。秋になると黄色い花を咲かせるので非常にわかりやすいが、この時期になると山菜としては使いにくい。

チャノキ
ツバキ科

野草・山菜

春〜夏

乾燥させて茶にするか、天ぷらに

若い葉を揉んで乾燥させると緑茶に、放置して酵素で変質させてから乾燥させるとウーロン茶や紅茶になる。若い葉を天ぷらにすると素晴らしい酒肴に。

茶の産地で野生化している

栽培されるチャノキとまったく同じもの。茶の産地ではしばしば逸出し、風通しのよい森の中で野生化したものが見られる。緑茶、ウーロン茶、紅茶、プーアル茶などはすべてこのチャノキの葉から作られ、その気になれば自作も可能。5月頃に出てくる新芽と若葉（いわゆる一芯二葉、オレンジペコ）を取り集め、各種お茶に加工するほか、そのまま食べることもできる。爽やかな香りと苦みが身上で、強い旨みも含んでいる。ただし新芽はカフェインの量も非常に多いのでとりすぎに注意。初夏を過ぎると毒毛虫のチャドクガ幼虫がつくことがあるので注意したい。

● 採れる場所
身近

ツバキの葉に似ているが鋸歯が目立つ

ツバキの仲間で葉の形もよく似ているが、チャノキの葉ははっきりとした鋸歯があり、葉脈に沿って凹みがある。新芽には白い毛が生えており、この部分だけを使って作るのが白茶。先端の巻いた葉（一芯）とその下につく葉のうち上から二枚（二葉）が茶の原料とされる。

野草・山菜

春〜夏

酢味噌との相性が抜群。ぬたに

若い葉は茹でて水にさらし、ぬたにすると美味しい。葉柄は皮をむいて刻み、セロリのように用いる。果実はコリアンダーシードと同じように使える。

ハナウド
セリ科

好きな人には刺さる「野のセロリ」

少し日陰になるような場所に多い、大型のセリ科植物。ウドとついており、芽出しのときは比較的似ているが近縁種ではない（ウドはウコギ科）。ハナウドに限らず大型のセリ科野草はしばしば「○○ウド」と呼ばれる。里山に多いが、場所によっては河川敷や海岸近くにも生える。成長すると葉の大きさは数十cm、花茎の高さは1mを超える。一般的に食用にされるのは若い葉だが、大きく成長した葉の葉柄や果実も利用できる。個人的には葉柄が好きで、タイミングのよいものはセロリとフェンネルが合わさったような香りがして美味しい。果実はスパイスにされる。

● 採れる場所
水辺

初夏の白い花が美しい

手のひらのように切れ込んだ小葉を3枚つけた大きな複葉が特徴的。全草に香りがあり、ちぎってもむとフェンネルのような甘い香りやセロリのような爽やかな香りがある。自然豊かな里山に多いが、河川敷でも植生が豊かなところではしばしば見られる。

ベニバナボロギク
キク科

野草・山菜

春〜夏

若い葉や花茎を利用する

柔らかい部分はすべて利用でき、さっと茹でて水にさらしてからおひたしや胡麻あえにすると美味しい。基本的には春菊と同じ利用法。

春菊より美味しい？ かつての野菜

　アフリカ原産のキク科植物で、日本には戦後すぐに移入したと考えられている。ボロギクという名前は、花が咲いたあとにできる種子の綿毛がボロ布に似ていることが由来とされるが反論もある。戦時中、南方の占領地では不足しがちな野菜を補う存在として活用され、昭和草という名前で栽培も検討されたという。実際に味は非常によく、葉や茎は柔らかくシャキシャキとした歯ごたえと春菊に似た爽やかな香りがあり、アクやエグみはない。生で食べても美味しい貴重な野草といえる（ただしキク科野草は有毒成分を含むものも多いので、多量に生食するのはおすすめしない）。

● 採れる場所
身近

赤い花と柔らかい葉の質感が特徴的

南日本に多い。林道脇や荒れた斜面に多く見られる典型的なパイオニア植物。似たキク科野草は少なくないが、もっとも似ているノボロギクやダンドボロギクは花が赤くないことで判別可能。また花は花弁が開かず、蕾の先端が赤く染まったような形状。

野草・山菜

春〜夏

ごく若い小さな葉を利用する

できるだけ小さい若葉を摘み、さっと茹でて水にさらしおひたしに。生のまま刻んでヤギ汁にいれると臭い消しになる。沖縄では天ぷらが一般的だそう。

ボタンボウフウ
セリ科

味は万人向けではないが栄養価はお墨付き

　西南日本の海岸沿いでよく見かける大型のセリ科植物。マットな質感と均質な色合いのためにプラスチック製の人工物のように見え、同じくセリ科の海岸性山菜であるアシタバやハマボウフウと比べると食欲が湧きにくい。実際のところ味もこれらの山菜と比べると個性的で、個人的にはあまり美味しいとは思わない。しかし沖縄ではサクナと呼ばれる人気の高い食用野草であり、3大薬草のひとつにも数えられている。またこの草に含まれるポリフェノールに血糖値上昇を防ぐ作用があることもわかっており、長命草という名前で健康食品としても知られる。

● 採れる場所
海辺

ボタンに似た黄緑色の葉を探す

多年草で、成長すると1mほどになる。葉は光沢がなく、ボタンの葉のように切れ込んだ小葉からなる三出複葉。潮風を受ける日当たりのよい場所を好み、アスファルトの隙間からも生えてくる。春先に株の中心から若い葉を伸ばすのでそれを食用にする。

ホテイチク
イネ科

野草・山菜

春〜夏

皮をむいて茹で、各種調理に

採取後は迅速に皮をむき、熱湯で20分ほど茹でそのまま冷ます。調理方法は一般的なタケノコと同じ。

河原に生える便利なタケノコ

　全国各地の河川敷に繁茂しているタケの一種。モウソウチクやマダケ、ハチクと比べると細く、稈の直径は5cmほど、高さも10mほど。中国原産で、日本へは江戸時代以前に移入されたと見られている。稈の根元付近で節が交互に傾き、節間が外側に膨らむが、この膨らみを布袋の腹になぞらえてこの名がついた。南日本ではコサンチク、コサンダケとも呼ばれる。タケノコはアクが少なく、柔らかくて食べやすい。河川敷に多く、採取しやすいのもありがたい。ただし採取が禁止されている河川敷もあるので、採取前にあらかじめ確認したい。

● 採れる場所
水辺

細くて葉が細かく、稈の付け根の節が独特

河原に繁茂する小型のタケはホテイチクであることが多い。ときに大群落を作り、群落の外側に太さ数cmのタケノコを伸ばす。地下茎は地表近くにあるため、モウソウチクのタケノコのように掘りとる必要はない。採取後、むいた皮をその場に廃棄するのはマナー違反。

ヤハズエンドウ
マメ科

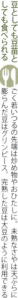

野草・山菜

春〜夏

豆としても豆苗としても食べられる

ごく若いつるの先端は炒め物やおひたしに。膨らんだ豆はグリンピース、完熟した豆は大豆のように利用できる。未熟なさやは天ぷらに。

かつては栽培もされた身近な豆

　標準和名はヤハズエンドウだが、一般的にはカラスノエンドウとして知られる。わが国のマメ科野草としてはもっとも広く知られたもの。ヤハズエンドウの名は細長い平行四辺形のさやの形状を矢筈になぞらえたもので、カラスノエンドウの名は熟した種子（豆）が真っ黒であることに由来する。初夏に小さな豆をつけ、熟するとさやが弾けて種子を散布する。食用としては古くから知られた存在で、古代オリエントでは栽培された歴史もある。よく似るが小型のスズメノエンドウ、中間的なカスマグサ、サイズの大きなオオヤハズエンドウも同様に食べられる。

● 採れる場所
身近

ミニチュアサイズだがマメ科の特徴を備える

葉やつる、花はいずれも小さいが典型的なマメ科の形状を持っている。よく似た植物としてはクサフジ科のナヨクサフジがあるが、こちらは花が藤の花のように連なる。ごく若いつるの先端と若いさや、未熟な豆、完熟した豆が食用になる。こう見えて、ソラマメの近縁。

アケビ類
アケビ科

野草・山菜

春・秋

新芽はおひたし、果実はデザート

新芽は採取後できるだけ早く茹で、水にさらす。醤油と卵黄を絡め、ご飯に乗せるのが最高。果実は果肉をそのまま食べるか「アケビミルク」に。

果実も新芽も熱烈なファン多し

　果実が熟すると中心線から大きく割けて果肉を露出するため「開け実」と呼ばれたのが名前の由来。左右対称の複葉が特徴的で、小葉が全縁で5枚あるのがアケビ、同様の小葉が3枚なのがミツバアケビだが、中間的なものも多く見られる。利用法はいずれも同じ。秋になる果実は甘く、山のデザートとして広く知られるが、大体サルに先を越される。春の新芽は山菜として人気で、とくに新潟県中越地方では「キノメ」と呼ばれカルトヒーロー的な存在。シーズンになると八百屋に並ぶほか、付け合せに欠かせない卵がスーパーの店頭から消えるとまでいわれる。

● 採れる場所
身近

つるの生えている場所を把握。成長した複葉で見分ける

林縁や崖地など日当たりがよい場所に多く、ときに道路脇のような場所にも生える。新芽は他の植物ともよく似ており、とくに有毒植物のツタウルシと間違えないよう注意が必要。基本的にはこれらは成長した複葉で見分ける。熟した果実は他に似たものはない。

野草・山菜

春〜秋

ちょっとアクが強めのゴボウ

栽培種のゴボウと同様に利用できる。ややアクが強く繊維も硬いので、きんぴらごぼうにするととても美味しい。天ぷらも非常に美味。

侵略的外来種

ノラゴボウ
キク科

北の大地で野生化したゴボウ

　畑に植えられる野菜のゴボウとまったく同じ植物だが、北海道の各地で野生化し外来植物となっている。ノラゴボウという名前も標準和名ではなく通称。花が咲いた後にできる果実はいわゆるひっつき虫であり、ヒトや動物に付着して野外に逸出し勢力を広げたと考えられている。ゴボウなので太い根があり、定着性が強いことから、自然公園では駆除が行われている。風味や味はゴボウと一緒だが、根が短く枝分かれしたり、途中で折れ曲がっているものが多いので、きれいに採取するのは大変。引き抜こうとするとたいていの場合折れてしまう。

● 採れる場所
身近

矢じり型の巨大な葉を見つけたら引き抜いてみる

長さ30cmほどに達する長い葉が根から直接生えるのが特徴。葉柄や葉の裏は細かい毛で覆われており手触りがよい。初夏に花茎が立ち、紫色の花を咲かせたあといわゆる「くっつき虫」になる。根は途中で折れ曲がりながら数十cmの長さになる。

ノラニンジン
セリ科

野草・山菜

春〜秋

葉をニンジン同様に利用する

葉はやや繊維が硬いがよい香りがあり、おひたしにしたり、セロリのように鍋に入れたり天ぷらにする。根はポトフのようによく煮込むと食べられる。

外来種として侵入するニンジンの原種

ヨーロッパ原産の外来植物で、野菜のニンジンの改良前の原種という説と、野菜のニンジンが野生化したという説がある。葉の見た目はまさにニンジンそのものであるが、根は細くて白く、ニンジンというより高麗人参に似ている。各地で野生化しているがとくに北海道に多く、道路脇やちょっとした空き地に大群生している。根はよい香りがするが硬くて食べづらく、どちらかというと葉を利用するものと考えたほうがよいかもしれない。セイヨウノコギリソウによく似ているが、こちらはキク科で香りの質が違う。ドクニンジンと似ているがこちらは毛がない。

● 採れる場所
身近

細かく鋸歯が入った葉がニンジンそのもの

細かく鋸歯が入った葉はニンジンそのもので、知らない人でもすぐにそれとわかる。ただし近年北海道に侵入している外来種の猛毒野草ドクニンジンとやや似ており、採取時には根が枝分かれしていること、不快な香りがないことを確認するとよい。

野草・山菜

春〜秋

クセはなく
ぬめりが心地よい

加熱するとぬめりが出て、おひたしや胡麻あえ、汁の実などによい。シャキシャキとした歯ごたえとともに楽しめる。

ハゼラン
ハゼラン科

観賞用植物で雑草で野菜でもある

　南米原産で、明治時代に日本にもたらされた。紫色の花は線香花火が破裂したときのような見た目をしていることから「爆ぜ蘭」と呼ばれる。昼すぎに花を開くため「三時草」の名もある。はじめは観賞用の園芸植物であったが逸出し、今では都心部でも野生化したものが見られる。アスファルトやコンクリートの隙間からも顔を出す強健な野草で、日差しや暑さにも非常に強い。原産国では食用にされており、見た目からは想像しにくいが全草が柔らかく、丸ごと調理できて食べやすいのが特徴。沖縄では比較的ポピュラーな存在で、八百屋で売られることもある。

● 採れる場所
身近

**光沢のある葉と
独特な形状の花**

草丈は数十cm、葉の大きさは5〜6cmほど。やや多肉質の葉が互生し、茎の周囲に円形につく。先端に枝分かれした花茎を伸ばし、紫色の小さな花をたくさんつける。地上部を切ってもすぐに新しい芽を出すので、アスファルトの隙間に生えたものは駆除しづらい。

ヒルガオ類
ヒルガオ科

野草・山菜

春〜秋

若い芽と葉を摘み空芯菜代わりに

若い芽は柔らかく、炒め物にすると空芯菜のような味と食感で美味しい。地下茎も茹でて水にさらし、揚げ物にすると食べられる。

街なかの小さな空芯菜

街なかの植え込みやフェンスで非常によく見かける野草。朝から夕方にかけ、朝顔を小さくしたようなピンク色の花を咲かせ、殺伐としたビル街に一時の安らぎをもたらす。都心部の環境がよほど生育に向いているらしく、これを見ない場所はない。アサガオのように果実をつけることはなく、基本的には地下茎で栄養繁殖する。そのため一度根付くと駆除は簡単ではない。ヒルガオ科にはサツマイモや空芯菜など有益な食用種が多く、ヒルガオも（属こそ違うものの）食用にすることができる。アイヌは近縁のハマヒルガオとともに根を掘って食用とする。

● 採れる場所
身近

独特の三角形の葉とピンクの花が特徴

春先に芽を出し、そのまま夏までぐんぐんとつるを伸ばす。葉は細長い矢じり型をしており、色は明るい黄緑色で光沢はない。初夏から秋にかけてアサガオを小さくしたようなピンク色の花を数多く咲かせる。冬になると地上部は枯れてしまう。

野草・山菜

春・秋

ジャムやジュースの一級の材料

完熟した果実を採取し、潰して果汁を濾してジュースやジャムに。発酵させる酒造はもちろん、酒類に漬け込むだけでも犯罪となるので注意。

野生ブドウ類
ブドウ科

酸味が強いが風味はよい

　ブドウ科の野草のうち、果実が食べられるのは北日本に多いヤマブドウ、西南日本の海岸沿いに多いサンカクヅル、街なかでも見られるエビヅルの三種。いずれも市販のブドウを小さくしたような見た目。ヤマブドウは比較的大きく、生食のほかジュースやワインなどに加工される。本州では山でしか見ないが、北海道では道端の雑草のひとつ。サンカクヅルとエビヅルは粒が小さく、生で食べると甘いが、同時にピーマンのような青臭さを感じることがある。いずれもぶどう類なので果実酒の製造は酒税法違反となる。ノブドウは果実にタンニンを含み食べられない。

● 採れる場所
身近

ブドウの葉はどれも似ている。果実は晩秋が美味

春から初夏にかけ、昨年のつるや地表から芽を出し、「山」の字のような独特の形状の葉をつける。夏に果実をつけ、秋になると熟し、晩秋になると酸味の角が取れて食べやすくなる。青や紫、白などさまざまな色合いの果実をつけるものはノブドウで食べられない。

シャクチリソバ
タデ科

侵略的外来種

野草・山菜

春・冬

葉は塩漬けにして炒め物に

葉はさっと湯通ししてからたっぷりの海塩をかけてまる一日おき、塩抜きしてから豚肉と炒めて食べると酸味がちょうどよくなって美味しい。

野菜としても使える野生のソバ

明治時代に導入された外来植物で、今では各地の河川敷に定着し群落が見られる。根から出る物質で周囲の植物を枯らし（アレロパシー）勢力を拡大するといわれる。栽培されるソバの葉をやや大きくしたような見た目で、ソバにそっくりの実がなる。明治時代に野菜として移入され、野菜ソバの名で呼ばれたという。茎は中空で成長しても柔らかく食べやすいが、他のタデ科植物同様シュウ酸を多く含み、調理前に下茹でをするのが無難。種子はややエグみがあるが、粉に挽くと通常の蕎麦粉と同様に利用できる。健康食品として知られるダッタンソバと近縁。

● 採れる場所
水辺

三角形の葉と半球状の群落が特徴

独特の矢じり型の葉とビニールパイプのような茎、さらにこんもりとした群落を作ることで見つけやすい。大きく伸びた茎でも先端部は柔らかく、茎をつまんでポキンと折れるところから先端よりは丸ごと食べられる。種子は黒く熟したものを採取する。

野草・山菜

春〜秋

イチジクと同様に利用できる

黒い果実(偽果)を採取し生食する。独特の香りがあり、やや水っぽいがイチジクに似て美味しい。ジャムやお菓子に加工するのもよい。

イヌビワ
クワ科

ビワとつくが野生のイチジクの一種

　温暖な地域の海岸沿いや低山の斜面に生えている低木。イヌビワとは「役に立たないビワ」の意味だがそもそもビワとは分類学上大きく離れている。葉の形状はまったく異なるがイチジクの仲間であり、この種に共通するコバチを介した独特な受粉方法が知られている。雄株と雌株があり、雄株にも果実のようなものがつくがこれは雄花序で、内部に小さな雄花が並んでいる。雌株には雌花序が付き、コバチの力で受粉できると果実(厳密には偽果と呼ばれるもの)となる。雄花序は成熟すると赤褐色で小さなイチジクのように見えるが、食べても甘くなく不味。

● 採れる場所
海岸

甘く、大きな果実のなる雌株を探そう

イヌビワの木そのものはしばしば見かけるが、雌株は意外と見つからない。そして株の個体差も大きく、果実をあまりつけないものや小さい果実ばかりつけるもの、甘みの薄い果実しかつけないものもある。甘い果実をたくさんつける株を発見できるとうれしい。

ガマ類
ガマ科

野草・山菜

初夏

花粉を生地に練り込んで焼く

花粉をパンやクッキーの生地に練り込んで焼くと、コーンのような甘い香りと香ばしさ、コクが加わり非常に美味。美しい黄色に染まるのも好ましい。

花粉の風味は野草食材界屈指

　全国の水辺や湿地帯に生える代表的な水生植物。一見するとヨシなどのイネ科に似ているが、葉がより丈夫で地下茎が発達する。ガマ、ヒメガマ、コガマなどいくつかの種類があるがいずれも利用できる。春の終わりにソーセージのような花穂をつけ、これがよく目立つ。穂はまず細い雄花穂が肥大し、続いてその下に雌花穂ができる。食用にするのは雄花穂から出る花粉で、蒲黄と呼ばれる生薬でもある。「因幡の白兎」で毛皮を剥がれたウサギが蒲の穂綿にくるまって傷を癒やすエピソードがあるが、蒲黄の止血消炎作用を用いたものだという説がある。

● 採れる場所
水辺

初夏の水辺で「ソーセージ」を探す

河川の中下流部や湖沼、ため池、用水路で特徴的な花穂を探す。ガマの仲間はいずれも利用できるので判別は難しくない。ただし雌花穂が発達し始めたものは花粉の散布を終えている可能性が高いため、食用にするのであればまだ花穂が小さい時期に探す必要がある。

野草・山菜

初夏

オーツ麦の利用法に準じて使う

潰してからミルクで煮るとオートミールになるほか、水とともにミキサーにかけて絞るとオーツミルクになる。クッキーの材料にするのもよい。

カラスムギ
イネ科

河川敷で採れる高栄養穀物

　河川敷、土手、空き地など日当たりのよい場所に群生するイネ科植物。果実が独特の付き方をするのですぐわかる。海外ではオーツ麦、日本ではえん麦と呼ばれる栽培穀物はこのカラスムギを品種改良したものであるが、種子のサイズは栽培種と野生種であまり変わらない。味もほぼ変わらず、まったく同様に利用できるのがうれしい。果実は初夏に熟し、すぐに脱落してしまう。そのため穂に袋をかぶせて叩くと熟した果実のみ採取できる。しっかり乾燥させたのち、ミキサーやフードプロセッサーにかけると籾殻を除去でき、可食部だけが残る。

● 採れる場所
身近

独特の形状の穂で判別する。採取は容易

典型的なイネ科植物で、草丈は1mに達し、果実が2個セットになった特徴的な小穂を数多くつける。熟すると籾殻が黒くなることからカラスムギと呼ばれている。採取はとても簡単だが、精製すると可食部はかなり少なく感じる。大量に集めたい。

クワ
クワ科

野草・山菜

初夏

生食するほか製菓材料にも

木の枝を揺すると熟した果実だけが落ちてくる。生食するときは赤い実を適度に混ぜると酸味が加わって美味しい。

初夏に美味しい野生のフルーツ

　各地の河川敷や里山、郊外の雑木林、海岸沿いなど場所を問わず生えている落葉高木。蚕の餌として知られ、養蚕が国家的事業だった頃に各地に植えられたので、今でも身近な場所で見かける。初夏に特徴的な果実（桑状果）をつけ、甘くて美味しいために子どものおやつとして親しまれてきた。赤い実はまだ酸味が多く、完熟した黒い実は甘い。ただし木によって甘みは大きな差がある。一般的に高い木のほうが果実のサイズは大きいが、サイズと甘さは比例しない。海外ではマルベリーと呼ばれてドライフルーツにされる。ジュースやジャムにも加工される。

● 採れる場所
身近

形状は多様性に富む。果実はやがて黒く熟す

河川敷や里山に生えているものは高木、街なかに生えているものは低木であることが多い。栽培種のクワと野生種のヤマグワがあり、葉のサイズや切れ込みの形状が異なるが、中間的なものも多い。果実ははじめ緑でやがて赤くなり、最終的に黒く熟する。

野草・山菜

初夏

粉に挽いて「インジェラ」に

テフの種子を挽いて粉にし、水分を加えて発酵させ、薄焼きしたものがエチオピアの主食のひとつインジェラ。同様に加工して食べると美味しい。

侵略的外来種

シナダレスズメガヤ
イネ科

各地で勢力を伸ばす強害雑草

　道路の法面緑化を目的として、1959年に南アフリカより導入されたイネ科植物。その後すぐに自然環境に逸出し、河川敷や道路の隙間などに定着し繁茂している。いくつかの河川では中州を埋め尽くすほどに生え、在来植物を圧迫していることから駆除が行われている。環境省指定の生態系被害防止外来種リストにも含まれている。この例からもわかるとおり、イネ科植物を海外から導入するのはハイリスクと言わざるを得ない。一方でその種子は、近縁種でエチオピアの主食植物のテフに似ており、食べられるのではないかと試してみたところ悪くない味だった。

● 採れる場所
身近

風に揺れる長くて細い穂を探す。種子を集めるのは大変な作業に

河川の中州や堤防、道路の舗装の隙間などに繁茂し、大きな群落を作る。ススキのような穂をつけ、赤茶色の種子を大量に実らせる。穂に袋をかぶせて振ると熟した種子を採取することができるが、非常に小さいため集めるのは大変。テフが高価な理由が実感できる。

チシマザサ
イネ科

野草・山菜

初夏

採ったタケノコは冷やして持ち帰り、その日に茹でる。皮をむき、汁物や炒め物、炊き込みご飯に。鯖の水煮と合わせた味噌汁は長野のソウルフード。

タケノコは採ったら必ずその日に茹でる

北日本でタケノコといえばこれ

本州の日本海側と高山地帯、北海道の中部以北に分布する大型のササの一種。タケ・ササ類ではもっとも北に分布するもののひとつで、積雪の多い地域でよく見られる。ササとしてはかなり大型であり3mほどにまで成長する。初夏、指くらいの太さのタケノコが地面から斜めにせり上がるように生え出し（そのためにネマガリタケという名前で呼ばれることが多い）これを利用する。姫竹とも呼ばれ、北日本でタケノコといえばこれを指すことがほとんど。人気の山菜のひとつで、これを狩りに行った人が遭難したり、クマに遭遇する事故が毎年発生する。

● 採れる場所
里山

**細くても根元が硬く
長いものは採らない**

しばしばクマザサ類と混生しているが、タケノコの太さが違うのであまり間違えない。地上部が20cmくらいまでのものが食べ頃で、長いものは根元が硬い。山道沿いの入りやすい場所ではタケノコが細く、道を離れるほど太くてよいものが見つかるが遭難が怖い。

野草・山菜

初夏

野生のポピーシードとして利用

本種の種子も炒るとたいへん香ばしく、多量の油を含みこってりと美味しい。ケシの種子はポピーシードと呼ばれ、とくに東欧で親しまれるナッツ。

侵略的外来種

ナガミヒナゲシ
ケシ科

種子は世界最小のナッツ

　地中海沿岸地域原産で、1960年代に日本への帰化が確認された。20世紀に入ってから全国で爆発的に増殖し、今や初夏になるとあちこちの街角でその赤い花を揺らしている。ポピーに似て可憐な花からは想像できないほど繁殖力が強いことから生態系被害防止外来種にリストアップされ、地域によっては駆除が行われている。日本人は古くからかわいらしいものに弱く、この花が危険な外来種だと説いてもあまり真に受けてもらえない。初夏に花を咲かせたあとすぐに果実がつくが、その中に大量の種子が詰まっている。食用にするのはこの種子。

● 採れる場所
身近

街なかに生える「ケシ」はだいたいこれ

春、鋸歯の目立つ葉をつけ、和紙のような質感の花を咲かせる。その後、上部にふたをかぶせたような独特の形状の果実を花柄の先端につける。果実が熟するとふたの下に隙間ができ、ここから砂粒様の種子を撒き散らす。種子の数は極めて多く、集めるのは容易。

モミジイチゴ・カジイチゴ
バラ科

野草・山菜

初夏

果実をラズベリーとして利用する

明るい色と甘みの強さから、木苺界の中でもとくに好まれる種類。生食はもちろん、デザートの飾りつけやジャムにしても美味しい。

甘みの強い木苺の代表格

　モミジイチゴは本州以南に分布する。山地に多く、林道脇など日当たりのよい場所に群落を作る。代表的な木苺で、オレンジ色の果実はよく目立ち、しばしば食用にされるがやや酸味がある。東日本と西日本で葉の形状が異なり、後者はナガバモミジイチゴと呼ばれる。カジイチゴは西南日本に分布し、より暖かい場所を好む。モミジイチゴに似ているが海岸沿いの崖地に多く、果実は一回り大きい。こちらは酸味も少なく、甘みが強くて木苺界随一の味。いずれも初夏が旬。株によって甘さに大きな差があるので、よい木を見つけておくと毎年楽しめる。

● 採れる場所
里山

オレンジ色の木苺は食べて美味しい

モミジイチゴ、ナガバモミジイチゴ、カジイチゴいずれも2mほどに成長する低木。モミジイチゴ類は枝に目立つ棘があり、葉の形はモミジの葉のようになるが変異が大きい。カジイチゴは掌のような形のやや大きな葉をつけ、枝の先端よりにはほとんど棘がつかない。

野草・山菜

初夏

果汁を絞ると使いやすい

果汁が多くジューシーだが、果肉の身離れが悪く種子が大きいので、丸ごとプレスしてジュースやジャム、シロップに加工すると食べやすい。

ヤマモモ
ヤマモモ科

海辺で採れるユニークなフルーツ

　西南日本の低地や海岸沿いに多い常緑中高木。樹形がきれいなために街路樹として植えられることもある。直径1〜3cmほどの、粒状のぶつぶつに覆われた赤紫色の果実をつけ、果物として利用される。味はやや酸味が強いが甘みもあり、生食されるほかシロップ漬けやジャム、ジュースなどに加工される。伊豆半島ではヤンモと呼ばれとくに親しまれている。木によって果実のサイズや味に大きな変異があり、ときに脂臭さが気になるものもある。美味しい果実がなる木を見つけると毎年楽しめる。採取のときは開いた傘を逆さまにして樹の下に立ち、風を待つと楽。

● 採れる場所
身近

粒状突起に覆われた果実。地上に落ちたものを拾う

細い葉をたくさんつける常緑広葉樹。海岸沿いの低木からなる疎林の中に多い。初夏から夏にかけて果実をたわわにつけ、熟した順に落下する。地上に落ちた果実を目印に探すのが楽。落下後はすぐに変質するので新鮮なものだけを利用する。

ウバユリ類
ユリ科

アイヌの暮らしに欠かせないデンプン源

西南日本にはウバユリが、東北日本にはオオウバユリが分布する。一般的なユリとは異なる、大きくハート型で光沢のある葉をつけるが、花が咲く時期には葉がなくなってしまうので「歯がない＝老婆」ということで「姥百合」と名付けられたという。春から初夏にかけて展開する若い葉と、晩秋に肥大する鱗茎を食用にする。鱗茎はデンプン質が多く貯蔵されており、アイヌはこれを取り集めて薬や食材として重宝した。彼らは花のついた株を「雄」と呼び採らないようにしていたが、植物学的には雌雄の違いはない。鱗茎を採取にはスコップが必要。

野草・山菜

初夏〜秋

葉は天ぷらに、鱗茎は煮物に

葉は展開しても柔らかいが、苦みが気になるため揚げ物が無難。鱗茎は「アク」が少なく市販の百合根のように食べられる。

● 採れる場所
里山

林道を走りながら見つける。独特な姿で見つけやすい

風通しのよい林床や林道の脇のような場所によく見つかる。太い茎が立ち、その上に葉がつく様子は特徴的なのでそのときに判別するのがよい。葉を食べるなら地中から顔を出したくらいがよいが、その時期は似た植物が多く初心者向きではない。鱗茎の採り過ぎは厳禁。

野草・山菜

夏〜秋

核を拾い集めて
よろずに使う

核はよく洗い、乾燥させてから炒り、万力で割って中身を取り出す。生で食べてもよいが多少渋みがある。市販されるクルミとまったく同じ使い方ができる。

クルミ類
クルミ科

川沿いならどこにでもあるナッツ

お菓子作りや各種調理に欠かせない存在で、購入するとそれなりの値段がするが、実は全国の河川敷に普通に見られる。初夏に果実がなり、秋になると熟し、内部の核が落ちてくるのでそれを採取する。もっとも多いのはオニグルミで、市販のクルミ（カシグルミが多い）と比べると一回り小さいがクルミらしい形をしている。殻が非常に硬く、ハンマーで砕くと粉々になってしまうので万力で割るのが楽。山に行くと、可食部（胚）を取り出しやすいヒメグルミも見られる。果実に不用意に触ると真っ黒なアクがつき、洗ってもなかなか落ちない。

● 採れる場所
水辺

河川敷や低山で、独特な形状の果実がなる木を探す

河川敷や低山に生える落葉高木。葉は羽状複葉で、葉の付け根に独特の垂れ下がる花穂をつけ、その後青い果実をブドウの房状につける。これが非常に目立つので、怪しい木を見つけたら下から見上げてみるとよい。果実は熟すると落下し、果皮が割れて核が出てくる。

侵略的外来種

アレチウリ
ウリ科

野草・山菜

秋

つるの先端を茹でて炒めると美味

秋〜晩秋に伸びるつるの先端30cmほどをちぎり取り、炒める。シャキシャキとして香りがよく甘みがあり美味。茹でて水にさらし、卵と好相性。

ウリだけど実ではなくて「つる」が美味しい

北米より輸入された大豆に混ざって移入したと考えられている帰化植物。旺盛につるを伸ばし他の植物を覆って枯らしてしまうことから特定外来生物に指定され、駆除が行われているがまったく追いついておらず、年々生息域を拡大している。東南アジアでウリ類のつるを食べることにヒントを得て、当種のつるを食べてみたところ大変美味だったため掲載することにした。ただし特定外来生物のため生きたまま移送ができず、採取地で調理するか、現地で茹でるなどの殺草処分を施すことが必要。果実は小さく、危険な棘に覆われていて食用にできない。

● 採れる場所
身近

典型的なウリ科植物、実の形で判別する

河川敷や林縁、畑の畔など日当たりさえあればどこででも繁茂する。初夏頃に芽を出し、秋になると旺盛につるを伸ばして周辺を覆い尽くす。葉は手のひら型で大きく、つるには微毛が生える。果実は1cm程度でまとまってなり、鋭い棘に覆われている。

野草・山菜

秋

炒ってから各種調理に

仮種皮を除去してよく洗い、封筒の中に入れて電子レンジで加熱すると簡単に調理できる。水煮にはないねっとり食感と濃い風味が楽しめる。

イチョウ
イチョウ科

自分で拾えば食べ放題、ただし食べ過ぎは厳禁

　東京都の木としても知られるイチョウ。1科1属1種のユニークな植物で、太古の時代から形状がほとんど変わらない「生きた化石」。わが国ではありふれた存在だが国際的には絶滅危惧種とされる。街路樹として各地に植えられるほか、落ちた実（種子）からも容易に生えて大木になるため野山でもよく見かける。秋になると雌株に大量の実が生り、地面に落下して悪臭を漂わせる。イチョウは裸子植物であるため果肉はなく、悪臭源のオレンジ色の部位は仮種皮とよばれるもの。触るとかぶれることがあるので注意を要する。有毒物質を含み、食べ過ぎは厳禁。

● 採れる場所
身近

似た植物は地球上にナシ。よい木を見つけるのがコツ

樹形、葉、種子すべてにおいて唯一無二のものであり、似た植物は現代の地球上には存在しない。雌株にしか種子がつかない。木によって種子の大きさは大きく変わるが、若い木でも大きな種子をつけるものがある。公園内などで拾う際は許可が必要となることがある。

エノキ
アサ科

野草・山菜

秋

熟した果実の甘みを楽しむ

よく熟した果実を採取し、そのまま食べる。甘くて美味しいが口中の水分を取られるのと、和菓子のような甘さがあるので緑茶があるとはかどる。

木になる「あんこ」？

　全国に分布する落葉高木で、関東地方の雑木林を構成する重要な樹種のひとつ。大きく成長し葉を横方向に大きく茂らせるため遠くからもよく目立ち、江戸時代には街道の一里塚に植えられることも多かった。よく似たケヤキとよく間違われるが、ケヤキは比較的上方向に枝が伸びる。晩夏から秋にかけて赤く熟する小さな果実をつけ、ほとんど種だが僅かな果肉は甘く美味。果汁が少ないことも合わさり、まるであんこのような味がする。国蝶オオムラサキの幼虫の食草としてもよく知られている。なお、食用きのこのエノキタケはエノキに限らずさまざまな材に生える。

● 採れる場所
　里山

北海道を除く全土で見られる。河川敷や街路樹でお馴染み

北海道を除く全土で見られ、街なかでもごく普通に見かける。自治体の保存樹木になっている巨木も多い。果実のシーズンは地面に大量に落下しているので見つけやすい。ムクドリが果実目当てに集まり、その鳴き声が騒音になることも。

野草・山菜

秋

毒を抜き、よく煮る

ジオスチンは少量であれば健康増進作用もある。重曹で煮て水に一晩さらすことを3回ほど繰り返すと苦みがちょうどよくなる。甘辛く煮ると美味しい。

オニドコロ
ヤマノイモ科

とても苦いが、これがよいという人も

　全国的に分布し、近縁種や亜種が非常に多い。独特のハート型の葉をつけることからわかるようにヤマノイモ（自然薯）の仲間だが、ヤマノイモやナガイモと比べると葉の膨らみが強く、株によっては緩やかな鋸歯が見られる。鋸歯が大きいカエデドコロなども同じように食べることができる。ヤマノイモのように地下茎を作るが、真っすぐ伸びず四方八方に枝分かれする。この地下茎を食用にするが、ジオスチンというサポニンを含み嘔吐や下痢などを引き起こすので、下処理でこれをある程度抜く必要がある。江戸時代には広く食用にされ、栽培もされた。

● 採れる場所
身近

ヤマノイモに似ている葉を探し、根を掘って形状を確認

葉の形はヤマノイモと非常によく似ており、葉のみで区別できないことも。根を掘ってみて形状を確認するのが一番早い。目立つ花や果実ができること、むかごがつかないことでも区別できる。地下茎はさほど大きくならないのでスコップ程度でも掘り上げることは可能。

ガガイモ
キョウチクトウ科

野草・山菜

秋

茹でて水にさらし加工する

若い果実を採取し、さっと茹でて水にさらす。その際に弾力を確かめ、スポンジ様の手ごたえのものは除去する。天ぷらや炒め物にすると大変美味。

食べられる時期は極めて短いが美味

猛毒植物を多数含むキョウチクトウ科に属するつる植物。全国の山野の林縁や、郊外のちょっとした斜面、草むらの脇、田畑の畔などに生える。花弁に毛の生えた独特の花が咲いたあと、オクラとニガウリの中間のような奇妙な形の果実を複数個つける。果実は熟すると2つに割れ、毛のついた種子を飛ばす。果実の殻は競艇用のボートに似ており、小さな神様の乗り物として日本神話に登場する。よく似たイケマは果実がやや細長い。イモとついているため根が食べられそうに見えるが、毒を含み、誤食すると嘔吐や下痢を引き起こす。

● 採れる場所
身近

果実の形が非常にユニーク。若いうちに食べる

つるや葉の形状は普通だが、花と果実は非常にわかりやすい。一般的には新芽や若葉、ごく若い果実を食べる。美味しいのは果実で、オクラやさやいんげんのような食感と風味、甘みが楽しめる。ただし成長するとすぐに繊維質になり、食べることができなくなる。

野草・山菜

秋

生食もしくは果実酒に

酸味が強ければ果実酒に、甘みが出てきたものは生食やジャムに向く。砂糖漬けにして炭酸水で割ると子どもに喜ばれるジュースになる。

ガマズミ
ガマズミ科

きれいだが美味しく食べるには辛抱が必要

全国の平地から山地に広く分布し、しばしば庭木や街路樹としても利用される。中低木で葉脈のよく目立つやや大きな葉をつけるが、果実がなっているときでないと判別は難しい。夏頃に、直径5mmほどの小さな果実を非常に大量につけ、遠景からも木が赤く染まったように見える。さまざまな鳥の餌となり、見た目にも甘くて美味しそうだが実際は酸味がかなり強い。山歩きに疲れたときに口にすると元気が出る。晩秋、霜が降りる頃になるとやや甘みが強まる。果実酒の原料にも最適。大根を漬ける際に一緒に漬け込むことがある。

● 採れる場所
里山

**他に見られない
真っ赤な果実の集合体を探す**

林の中や山中に多く、低木のため見つけるのは難しくない。コバノガマズミやミヤマガマズミなどの近縁種があるがいずれも同じように利用できる。このように大量の赤い実が集合する植物は他にはない。数粒の場合は別種の可能性もあるので自信がなければ避ける。

カヤ
イチイ科

野草・山菜

秋

殻ごと炒ってナッツとして食べる

外側の緑の皮（仮種皮）をむき、銀杏の殻状の外種皮を割って中身を食べる。脂臭さが気になる場合はよく炒るか、胚乳を油で揚げると食べやすくなる。

意外と都心にもあるナッツ

　針葉樹の高木で、最大で25mほどの大きさに成長するが、よく見かけるのは10mまで。寿命は長く、虫にも強いためしばしば街路樹や庭木に利用される。神社仏閣の保存樹に指定されているものも多い。利用方法としては材木、とくに将棋盤や碁盤の材料になることで有名。秋頃に1円玉ほどのサイズの緑色の実（厳密に言うと種子）をつけ、完熟すると割れて銀杏の種のようなものが出てくる。この中にある胚乳が食用になる。やや脂臭く独特の風味があるが、油脂に富みコクのあるナッツの味わいがして美味。佐渡や長野の一部で名産品として市販されている。

● 採れる場所
里山

独特の種子で判別する。種子以外での判別は難しい

庭木として人気のあるイチイや、同様の環境を好むイヌガヤと樹や葉がよく似ており、種子のつく時期以外に判別するのは簡単ではない。ただし種子が似ているものは他にはないので利用はしやすい。街路樹にはアメリカガヤなどの近縁種も用いられるが同様に食べられる。

野草・山菜

秋

苦みを抜いて煮物にするとよい

外皮をむき、半分に割ってわたと種を取り、スライスして丸一日水にさらす。塩漬け後、塩抜きしてから調理しても。鰹節とともに甘辛く煮ると美味。

カラスウリ
ウリ科

古くから利用される野生のウリ

　林縁や道路脇、畑の横など人里近くでよく見られるウリの仲間。花弁が網目状になった独特の優艶な花を夜間に咲かせ、その後小さなスイカのような実をつける。この実はいかにも食べられそうだが、利用できるのはごく若いうちのみで、少しでも成長すると苦み成分であるククルビタシンが多くなり、無理に食べると嘔吐してしまうので注意が必要。このほかつるに虫こぶができ、肥大した部分を食べるとキュウリのような風味がして美味しい。近縁種のキカラスウリも同様に利用でき、地下の根茎からはデンプンも採れる。このデンプンは天瓜粉と呼ばれる。

● 採れる場所
　身近

果実の独特の模様で見分ける

日当たりのよい場所ならどこにでも生えるが、とくに空き地のような場所に多い。あまり大きく成長した果実は採取せず、小さくてしっかりと締まり、表面の光沢が少ないごく若い果実を採取して利用する。虫こぶはサイズに関係なく美味しい。

侵略的外来種

キクイモ
キク科

野草・山菜

秋

イモは生食にも加熱にもよし

できるだけ大きなイモを採取し、皮をむいてスライスして水にさらし、サラダに。角切りにしてフライドポテトにしてもよい。

ローカロリーで健康的なイモ

　北米原産の植物で、日本には江戸時代末期に伝来した。もともとは葉を飼料に用いる目的であったというが、その後地下の塊茎を食用とするようになった。春から秋にかけて成長し、地下に複数の塊茎をつける。この塊茎には難消化性の多糖類であるイヌリンを含み、これが腸内細菌の餌となって善玉菌を増やす効果があることから健康食品として注目される。加えてデンプンをほとんど含有しないことからローカロリーであり、夢の「太らないイモ」としても注目される（もちろん調理法次第であるが）。環境適応力が高く、外来種問題を引き起こしている地域もある。

● 採れる場所
身近

独特の花が群生していたら要注目

河川敷や放置された造成地、空き地などに群生する。春から初夏にかけては目立つ特徴は少ないが、秋になると小さなヒマワリのような花を咲かせるのでわかりやすい。茎は太くなるが、つかんで引き抜こうとすると地中のイモ（塊茎）はちぎれてしまう。

野草・山菜

秋

一般的なフルーツの域にある美味しさ

丸ごと食べられる小さなキウイフルーツといったイメージ。ものは非常に濃厚な甘みがあり、どんなフルーツにも負けない味。樹上で完熟させて

サルナシ
マタタビ科

ファンも多い野生のキウイフルーツ

　日当たりのよい場所に見られるつる性の木本。北海道から九州にかけて分布するが寒冷な場所を好み、南日本では高山地帯でしか見られない一方、北海道では海岸沿いの林で見られることもある。歌謡曲に「こくわの実」の名前で登場したために知名度が上がった。キウイフルーツやマタタビと近縁の植物で、とくに前者とは果実の形もよく似ており、断面の見た目などはまったく一緒。味はキウイフルーツよりも甘みが強く、最近ではサルナシの栽培種を「ベビーキウイ」といって市販することもある。登山中に果実を見つけてその場で口にするのは至福の一言。

● 採れる場所
　里山

採りやすい場所に生えているつるを見つけたい

つる植物としては非常に大きくなり、高さが20〜30mに及ぶような株も少なくない。高く伸びたつるは上の方に果実をたくさん付ける傾向があるので、採りやすい場所に生えているものを見つけたい。クマやサル、ハクビシンなど哺乳類のライバルが多い。

スダジイ
ブナ科

もっとも有名な食べられるどんぐり

　代表的な照葉樹で、西南日本の森林を構成する主要な樹木のひとつ。高さ30mにも至る高木で、葉の濃い緑色も合わさり、森の中にあってもすぐにそれとわかる。どんぐりはいわゆる「椎の実」で、他のどんぐりと比べると小さく、黒みが強く、殻斗が全体を覆う。よく似たツブラジイはどんぐりの丸みが強い。多くのどんぐりは渋み成分タンニンを含み、渋抜きをしないと食べられないが、スダジイやツブラジイはタンニンが少なく生食も可能。縁日の露店で市販されることもある。初夏、木の根元にカンゾウタケという特徴的なきのこが生え、そちらも食用になる。

● 採れる場所
身近

殻斗に包まれた小さなどんぐり
葉の形やつき方も他のどんぐりと異なるが、やはり地面に落ちたどんぐりを見るのがスダジイを探すコツ。黒みがあり、小粒などんぐりを見つけたら殻斗を観察する。ささくれがあり裂けたような殻斗にすっぽりと包まれていればスダジイかツブラジイだ。

野草・山菜

秋

軽く炒って割って食べる

生食も可能だが、炒って食べるのが最良。甘みがあり、味わいで大変美味しい。加熱すると弾けるので、炒る際は必ずふたをする。小さなクリみたいな

野草・山菜

秋

ナッツとして使う。製菓材料に最適

毛に注意して総苞を外し、殻の状態で軽く炒る。殻を割って取り出しナッツとして用いる。プラリネの材料にしたり、そのままチョコに練り込んでもよい。

ツノハシバミ
カバノキ科

小さいが美味しい国産ヘーゼルナッツ

　やや標高の高い山地の、道路脇の開けたような場所でよく見かける落葉低木。世界中で人気のあるナッツであるヘーゼルナッツ（日本名はハシバミ）の仲間で、先端が尖っている長い総苞に包まれていることからこの名がつけられた。ヘーゼルナッツとして流通しているセイヨウハシバミと比べると実がはるかに小さく、大きさは5mmから大きくても1cmほどしかない。そのため利用されることは少ないが、味はほぼ変わらない。総苞には細かい毛がびっしりと生えており、これが皮膚に刺さるとチクチクするので、採取時は軍手やゴム手袋を装着する。

● 採れる場所
　里山

角状の総苞に包まれた独特の果実は見間違いない

葉や樹形はカバノキの仲間によくあるもので、植物に詳しくないと判別するのは難しい。果実は角状の総苞に包まれ、基部を合わせるようにして2〜4個ほどくっついてなり、他に似たものがないのでこれで判別する。熟すれば地上に落下するので見つけやすい。

野草・山菜

秋

ツルマメ
マメ科

豆を集めて大豆の代わりに

豆は小さく、表皮が分厚いが大豆と同様に使える。砕いてから柔らかく煮て納豆菌をまぶすと素晴らしい納豆ができた。味噌や醤油にもトライしたい。

河川敷で採れる「大豆の原種」

　河川敷や田畑の畔、用水路の脇など湿り気と日当たりがある場所に生えるマメ科のつる植物。大豆の原種と目される野生種のうちのひとつで、毛の生えたさやや内部のマメは大豆（黒豆）をミニチュアにしたような見た目。食材としても大豆同様に用いることができ、タンパク質を含んでいるので大豆加工品の原料にもできる。利用するには大きさがネックだが、完熟したさやは乾燥すると弾けて種子を周囲に飛ばす性質があるので、つるごと採取して、日向に敷いたシートの上においておくとマメだけを集めることができる。よく似たヤブマメはさやに毛がない。

● 採れる場所
水辺

毛の生えたさやを大量につける

太さ1～2mmの細いつるを他の植物に絡ませて伸び、初夏から夏にかけて紫色のマメ科らしい花をつける。秋になると枝豆のミニチュアのような毛の生えたさやを大量につける。さやの大きさは2～3cmほどで、豆の長径は2～4mmほどと小さい。

野草・山菜

秋

乾燥させ、煮出してお茶に

果実を乾燥させ、煮出してお茶にすると、フルーティーな飲料になる。かつて果実をコーヒー豆の代用品にしたという。

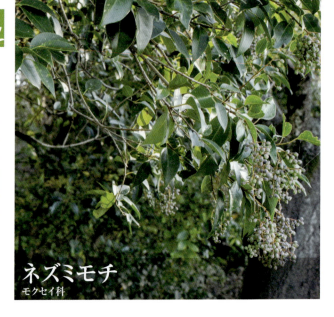

ネズミモチ
モクセイ科

コーヒーの代用には向かないが、お茶は美味しい

　河川敷や林縁に多い常緑の小高木で、街路樹としても人気が高い。和名はモチノキという樹木に似ていること、また果実がネズミの糞に似ていることからついた。その果実から作るお茶はなかなかの美味しさ。中国では女貞子（じょていし）と呼ばれる有名な生薬で、さまざまな薬効を誇る。近縁種に中国から移入されたトウネズミモチがあり、果実がやや丸みが強いこと、葉を透かしても葉柄が見えにくいことなどで判別できる。トウネズミモチの果実も同じように使える。ただしこちらは侵略的外来種でもあるので、不用意に持ち運び種子を散布しないよう注意する。

● 採れる場所
　身近

長球形で黒紫色の果実がたわわに実る

樹皮や葉の形状でネズミモチかどうか判断するのは初心者には難しいが、果実を見ればすぐにそれと分かる。とくにネズミモチの果実は特徴的な長球形をしており「なるほど、これはネズミの糞」と納得できる。街路樹のものを無断で採取すると罪に問われる可能性がある。

ハマナス
バラ科

野草・山菜

秋

完熟した果実を
お茶やジャムに

完熟しても酸味が強いが、各種ビタミンが多く、健康や美容が気になる人は積極的に利用したい。赤い色はカロテンに由来する。

北国の浜辺を彩るローズヒップ

　東北日本の浜辺で非常によく見かけるバラ科の低灌木。もともと「浜梨」だったが訛りにより「ハマナス」となったという説がある。群落を作るため、砂浜の砂留植物としても重要な存在といえる。樹木と花の様子はバラによく似ており、枝の棘は非常に細かくて鋭い。花や果実が美しいため街路樹としてもメジャーな存在だが、よそ見して歩いているとしばしば棘が刺さって痛い思いをする。果実はいわゆるローズヒップの一種として食用にされる。夏頃には赤くなるがこの頃はまだ酸味が非常に強い。晩秋、葉が枯れて落ちる頃になると完熟しわずかに甘くなる。

● 採れる場所
海辺

**棘の細かさと
唯一無二の果実の形が独特**

自然分布は鳥取以北の日本海側と茨城以北の太平洋側だが、各地で街路樹として植えられているのを見かける。他のバラの仲間と非常によく似ているが、棘が非常に細かく、また果実の形は日本のバラ科植物では唯一無二。まれに果実に棘が生えていることもある。

野草・山菜

秋

クリと芋の中間のような味わい

若い果実を採取し、皮をむいて茹でたり、クリのように皮ごと焼いて食べる。ホクホクとシャリシャリの中間のような味わい。ご飯に炊き込むのも美味。

ヒシ類
ミソハギ科

忍者の武器は食用にもなる

　全国の河川や湖沼で見られる浮葉性の水草で、代表的な水生植物のひとつ。内陸部の水路がある地域では普遍的な存在と言える。ただし近年では外来種の水草にニッチを奪われつつある。よく見られるのはヒシ、オニビシ、ヒメビシの3種。止水域を好み、独特な形状の葉を水面に複数浮かべているのですぐにそれとわかる。果実は夏から秋にかけて葉の裏側に複数個つく。はじめは緑色で、熟すると黒くなり非常に硬くなる。果実には2〜4本の鋭い棘が生えており「マキビシ」のもととなった。意外と水深のある場所にも生えるので採取時の転落には注意。

● 採れる場所
水辺

鋸歯の目立つ
菱形の葉が円形に浮かぶ

鋸歯の目立つ菱形の葉を株の中心から360度に伸ばし、葉柄にある浮袋で水面に浮かぶ。水中茎が水底まで伸びており、固定されているので風に流されることはない。果実の棘はヒシが2本、オニビシとヒメビシが4本。いずれも食用にできる。

ホドイモ類
マメ科

野草・山菜

秋

皮がやや硬いが里芋のように使える

とくにノアメリカホドの塊茎は皮が固いので、むいてから加熱する。丸ごと揚げたり、ふかし芋や煮物など、小粒の里芋やじゃがいものように利用できる。

豆とイモの中間的な味わい

各地の日当たりのよい林床に見られるつる植物。イモとついていることからもわかるとおり、地下のイモ（塊茎）を食用とするが、分類的にはマメ科。葉の形状は卵型の小葉からなる羽状複葉で、花は白色〜ピンク色で独特のねじれた形状をしている。東北地方や北日本で人気の高い食材であり、やや乱獲気味で数を減らしている。近年は栽培ホドイモが流通しているが、こちらはアメリカ原産のアメリカホドで、野生化し外来種として定着している。利用するならこちらのほうがよいかもしれない。アメリカホドは塊茎にシワが入るものがある。

● 採れる場所
里山

独特の形状の花に注目。わかりやすい

成長すると2mを超えるが、林内ではあまり目立たない。葉の形状はマメ科らしさがあるが、フジなど一見すると似たものもある。花の形状がもっとも特徴的で、これで見分けるのが一番わかり易い。イモの採取時期は秋なので、夏の開花期に株を見つけておくのがよい。

野草・山菜

秋

果実を用途により使い分ける

未熟な実は茹でてから塩漬けにして保存し、塩抜きしてから味噌漬けや酢漬けに。完熟した実は生食したりジャムに。虫こぶは果実酒に。

マタタビ
マタタビ科

ネコだけでなく人にもよい

日当たりのよい林縁に生え、木に絡まるようにして伸びるつる植物。マタタビ科に属するが、キウイフルーツやサルナシも同じグループ。初夏、葉の先端寄りが白く染まり、遠目からでもそれとわかる。同じ頃、どんぐりのようなシルエットでがくの目立つ黄緑色の果実をつけ、秋になると熟してオレンジ色になる。未熟な果実はエグみと酸味が非常に強いが、塩漬けにして食用にされる。熟した果実は甘いが、同時にしょうがをかじったときのような辛さが口の中に広がる。未熟な果実はしばしばマタタビタマバエに寄生されて虫こぶになり、これが生薬としてかなり珍重される。

● 採れる場所
里山

高木に絡まって伸びる半分白い葉を探す

高木に絡まって伸びるつるの葉が半分白い様子は、遠目にも非常によく目立つ。手の届く範囲に果実がなっていたら採取ができる。虫こぶを探すと見つけやすい。完熟すると柔らかくなる。つるは丈夫だが、無理やり引っ張ると切れてしまうので気をつけたい。

マテバシイ
ブナ科

野草・山菜

秋

どんぐりを割って各種調理に

殻が硬いので万力などを使って割り、中身を取り出す。粉に挽いて蕎麦粉や米粉のように使える。

貴重な野食炭水化物

　西南日本の里山や平地、海岸沿いに生えるブナ科の中高木。関東地方より南では街路樹や寺社、学校や公園の木としてもとてもメジャーな存在。硬い殻に包まれた細長く大きなどんぐりは、街なかでもよく落ちているのを見かける。シイとつくがシイ属ではなくマテバシイ属であり、スダジイとはさほど近縁ではない。大きく光沢のある葉を、中国の刀「馬刀」に例えたのが名前の由来。どんぐりはスダジイのような甘みはなく、渋みもありさほど美味しいわけではない。ただし大きく、でんぷんを多く含むために粉にして利用できる。貴重な炭水化物野食材。

● 採れる場所
身近

どんぐりの木では最大級の大きな光沢のある葉で判別

大木となることはあまりないが、葉とどんぐりの大きさは日本で見られるどんぐりの木の中では最大級。光沢があり、付け根より先端よりのほうが膨らむ独特の形状の葉を目当てに探せば簡単に見つかる。樹下に前年のどんぐりが落ちていることも多い。

野草・山菜

秋

贅沢にたっぷりと使いたい

一度にたくさん採取できるので、贅沢に使った料理を楽しみたい。多めの油で炒めたり、塩味だけの炊き込みご飯が絶品。よく洗って生食も可能。

ミョウガ
ショウガ科

野生品も栽培品とまったく同じように使える

人里近くの谷地や薄暗い林床に群生するショウガ科の植物で、古くから知られた薬味。日本原産の野草とされるが、人里離れたところでは見られない。日本以外では栽培されておらず、英語名も Myoga もしくは Japanese ginger。地下茎で増えるため一度根付くと駆除が難しく、廃集落の周囲にかつて栽培されたものが大群落を作っていることがあり、そういったところを見つけると採取が容易。食用にするのは花で、地下茎から直接地上に顔を出す。初夏に出てくる新芽も「みょうがだけ」と呼んで食用にされる。いずれも生食する際はよく洗ってから。

● 採れる場所
身近

全草にミョウガの香り。茎の両側に互生する葉が特徴

湿度の高いところに群落を作り、草丈は1m程度になる。葉柄の両側に交互に葉をつけ、全体として羽状複葉のような形状になる。全草にミョウガの香りがある。よく似たヤブミョウガは葉が四方につき、まったく香りがないので容易に区別できる。

ムクロジ
ムクロジ科

野草・山菜

秋

種子を炒り、ナッツとして利用する

果皮を割って種子を取り出し、殻ごとフライパンで炒る。新聞紙にくるんで金槌で叩くと殻が割れ、可食部が取り出せる。

石鹸としてもナッツとしても使える

ライチやリュウガンと同じムクロジ科に属する落葉高木。西南日本の平地や低山に自生し、神社仏閣によく植えられる。都市の公園でもしばしば見かけ、とくに多摩地区には多い。果実は半透明の黄土色の果皮に包まれており、内部に黒い種子が見える。果皮にはサポニンが含まれており、水にいれて振ると泡立つ。これを洗剤代わりに利用したことからソープベリーの名がついた。現代でもこの用途で市販されることがある。種子は非常に硬く、羽根突きの羽根の素材に使われたが、硬い殻に包まれた胚は柔らかく、炒ると大豆やナッツのような香りがして美味しい。

● 採れる場所
里山

樹上では採取困難。地上に落ちた果実を拾う

かなりの高木となるため、樹上になっている果実を見つけるのは容易ではない。そのため地上に落下した果実を拾う。果皮は硬く、コンクリートに落下しても割れることはない。見た目が独特で、日本国内には似たものはない。干しておけば長期間保存できる。

野草・山菜

秋

お汁粉を作ると最高の味

熟した種子を水から煮て、柔らかくなったら砂糖とひとつまみの水分を飛ばすと美味しいあんこに。市販のものより風味と旨みが強く美味。塩を加えて

ヤブツルアズキ
マメ科

小さいが味は栽培種よりも上

　河川敷や田畑の畔など、湿度がありながらも日当たりのよい場所に群生するマメ科の野草。都市部には少なく、自然の豊富な郊外に行くと見られる。アズキの原種といわれているが、栽培種のアズキと異なりつる植物で、茎に毛が生えるなどの違いがある。種子（豆）はアズキをさらに小さくして黒くした感じで、加熱すると心地よい香りと強い旨みがあり非常に美味しい。マメ科野草の中では利用価値が飛び抜けていると思う。とくに種皮の風味がよく、筆者は基本的にはこしあん派だがヤブツルアズキで作るならつぶあんのほうが美味しいと感じる。

● 採れる場所
水辺

完熟すると黒くなる、独特の細長い形状のさやを探す

つるや葉の形状はマメ科らしさがあるが、似ているものも多くそれだけで判別は難しい。さやはいんげん豆のように細長く、完熟すると黒くなり、中からアズキそっくりの豆が出てくるのでわかりやすい。熟したさやに袋を被せて振ると簡単に採れる。

ヤマグリ
ブナ科

野草・山菜

秋

そのまま炒って食べるのが一番

甘みが強く、生で食べても強い甘みを感じるほど。小さいので大変だが炊き込みご飯にすると秋を感じられる。フライパンで炒って食べると最高。

小粒だが栽培種よりも甘い

　里山に自生するクリ。栽培品種の原種と考えられており、柴栗とも呼ばれる。落葉高木で、基本的には地上に落下したものを探す形になる。大きくても親指の先くらいのサイズしかないが、甘みは非常に強く、栽培種よりも好きだという人も多い。秋、台風の後に林道を歩くと比較的簡単に見つけられる。拾う際はできるだけ落ちたてのものを選ばないと、干している間にカビてしまうことがある。少なからぬ確率で虫に寄生されており、採取した果実は新聞紙などに広げて陰干しして虫の出ないものだけ調理する。なお、この虫はクリの風味があり、油で炒って食べると非常に美味しい。

● 採れる場所
里山

小さいがクリそのもの。緑色のイガのものが高品質

秋、強い風が吹くたびに地表に果実(イガグリ)を落下させるのでそれを拾う。まだ緑色のイガに包まれているもののほうが品質がよい。落下後すぐのものを拾っても虫食いの確率は変わらない。ときにサイズの大きな物があるが、栽培種と交配したものと思われる。

野草・山菜

秋

むかごは
イモのように使う

むかごを油で揚げて塩を振ると、旨みの強いポテトフライといった趣に。ご飯に炊き込んだむかごご飯も美味しい。すりおろしてとろろにも。

ヤマノイモ類
ヤマノイモ科

イモよりもむかごが狙い目

　ヤマノイモはヤマノイモ科の代表種で、いわゆる自然薯。山奥の特産品と思われがちだが、街なかにもよく生えている。ただし街なかのものはイモが小さく、またそもそも掘る（＝地形を改変する）のが難しいことが多いので、基本的にはつるにつく「むかご」を利用するものと考えた方がよい。葉が厚く光沢があるものはナガイモであり、栽培品が自然環境下に逸出したもの。こちらもむかごが食べられる。葉の似たものに同じヤマノイモ科のオニドコロ、ニガカシュウなどがあるが、これらはむかごの形状が異なるか、そもそもむかごをつけない。

● 採れる場所
身近

夏〜秋、むかごの有無と形状で判別可能

ハートを縦に伸ばしたような独特の形状の葉をつけ、低木やフェンスにつるを絡ませて伸びる。夏から秋にかけ、つるに直接むかご（栄養繁殖器官の一種）をつける。オニドコロはむかごをつけず、ニガカシュウのむかごは焦げ茶色で突起が多い。

ヤマボウシ
ミズキ科

野草・山菜

秋

果肉を生食するか加熱してジャムに

果実をさっと洗い生食する。果肉を味わい、果皮と種は吐き出す。裏ごししてからレモン果汁と砂糖を加えて煮ると香りのよいジャムになる。

街路樹としても身近なフルーツ

本州以南の山野の林で見られる落葉小高木。街路樹として有名なハナミズキと近縁で、これ自体も花が美しいため街路樹として植えられる。果実は1円玉くらいのサイズで赤く、表面にサッカーボールのような模様がある。熟するとすぐに落下するため、道路を汚しているのもよく見かける。完熟したものを口にするとホッとする甘みがあり、トロピカルな香りもあって意外と美味しい。ただし果皮がちょっとジャリッとして、種子が大きく、酸味に欠けるので一般的な評価は低いようだ。裏ごしして酸味を加えてジャムにすると無難に美味しい。

● 採れる場所
里山

果実の見た目が独特。街路樹では採取しないのが無難

初夏、白い花弁が十字についたような花をつけ、非常によく目立つ。ただし実際は花弁ではなくがく。9〜10月頃、きれいな球形の果実をつけ、はじめ緑色だがやがて黄色くなり、完熟すると朱色になる。街路樹のものは採取しないほうが無難。

野草・山菜

秋

百合根を煮物や唐揚げに

根を掘り出し、鱗片ごとに分けて洗い、甘辛く煮含める。ホクホクして甘みがあり非常に美味しい。そのまま唐揚げにしても美味しいチップスになる。

ヤマユリ
ユリ科

天然の百合根は味がよい

　主に東日本に分布し、低山の林床に生える大型のユリ。白い花をたくさんつけるため花期には非常に目立つ。斜面を好み、林道の法面から道路に突き出すように伸びているのをよく見かける。地下に肉厚の鱗片が重なった大きな鱗茎をつけ、古くから「百合根」として食用にされてきた。でんぷんを多く含み、ホクホクとして甘みがある。ただし、発芽から開花までに数年以上かかり、鱗茎が食用サイズになるにはそれ以上の年月がかかる。そのため乱獲は厳に慎みたい。最近では多くの場所で保護植物となっており、そもそも採取自体できないことが多い。

● 採れる場所
里山

ユリ科で最大級の花。花の形や葉のつき方が独特

白地に黄色いラインと赤い斑点の入った6枚の花弁（正しくは花被片）がラッパ型につく大きな花を、ときに10個以上もつける。葉は茎の両側に互生する。オニユリとは花の色や形が、テッポウユリやシンテッポウユリとは葉のつき方や鱗茎の形状が異なる。

侵略的外来種

シンテッポウユリ
ユリ科

野草・山菜

秋〜冬

アク抜きしてから調理する

エグみが強いので、重曹で煮てから一晩水にさらす。甘辛く煮るほか、衣をつけて揚げても美味しい。

美しいが厄介な外来ユリ

　外来種であるタカサゴユリと、南方系の在来種であるテッポウユリをかけ合わせて作られたハイブリッドユリ。美しく白い花を咲かせるために園芸種として重宝されたが、繁殖力が高いこと、他の在来ユリと交雑する恐れがあることから有害外来種として問題視されている。庭先に見たことのないユリが咲きだしたらほぼシンテッポウユリと思われる。種子でも鱗茎でも繁殖でき、一度根付くと駆除は難しい。地下の鱗茎はおせちの材料として知られる百合根によく似ているが、やや赤みを帯びている。アクが強く、アク抜き処理をしたうえで食べることができる。

● 採れる場所
身近

植え込みや舗装の隙間にも咲く

形状はテッポウユリと酷似するが、テッポウユリよりも耐寒能力が高く、本州以北でも普通に見られる。植えられたユリと間違えないように注意する。花が咲いている株でも鱗茎は大きく、一年中利用できる。ただしスコップで掘り採らないと地中に残ってしまう。

野草・山菜

秋〜冬

味は野生マメ一。塩茹でだけで美味

採取したマメは塩茹でにする。ホクホク・カリカリとした食感で、野生のマメの中では随一の美味しさ。ご飯に炊き込んでも非常に美味しい。

ヤブマメ
マメ科

地下に生えるマメが美味い

　日の差す林床や河川敷など、あまり乾燥しすぎない環境に生えるマメ科野草。ツルマメと同じように大豆をミニチュアにしたような見た目をしている。秋になると枝豆を小さくしたようなさやをつけるが、マメは小さく利用価値は低い。一方でこのヤブマメは同じマメ科のラッカセイと同じように地下にも花（閉鎖花という）をつけ、果実がなる。これはグリンピースほどのサイズになり、美味しい。マメが熟する頃は地上部はつるだけになっているので判別は難しく、秋のうちに地上のさやを目印に探しておくとよい。アイヌはこの地下のマメをアハと呼んで利用する。

● 採れる場所
身近

秋になるマメは無毛でまだら模様。表皮下は青い

初夏から夏にかけて、マメ科らしい三出複葉を展開する。小葉の形は卵型であまり細長く伸びない。花もマメ科らしい形状で紫色。さやは無毛で外皮は薄い。つるの根元の周辺地下に閉鎖花をつけ、その後まだら模様のあるマメが1つなる。表皮をむくと青い。

野草・山菜

秋〜春

ジュズダマ
イネ科

お茶にするのが無難な使い方
種子を炒って砕き、湯で煮出すと香ばしいお茶ができる。苞葉鞘が柔らかくなっており、ジュズダマよりはるかに利用しやすい。ハトムギは改良の結果、苞葉鞘が柔らかくなっており、

野生のハトムギだが、お茶にするのが無難

　河川の中州や用水路、湖沼のほとりなどに群生するイネ科植物。種子を包む殻（苞葉鞘）は非常に硬く、穴を開けて紐を通して数珠のようにしたり、お手玉の中身として活用される。はと麦茶の原料になるハトムギの野生種とされており、苞葉鞘を割ると麦や米のような可食部が現れ、辛抱強く集めて粉に挽くと小麦粉同様に使える。ただし非常に硬く、無理に砕くと可食部まで粉々になってしまうので、量を集めるのは大変。味は市販のハトムギと変わらない。丸ごと炒ると香ばしい香りになり、その状態で砕いて煮出すとハトムギ茶と同じようなものができる。

● 採れる場所
水辺

2mを超える草丈に成長。光沢のある果実が特徴的

大きいと2mを超え、上に向かって伸びた穂の先端付近に、苞葉鞘に包まれた種子がばらばらとつく。苞葉鞘の色はこげ茶色、青灰色など変異に富むが真っ白いものはしいなの可能性がある。触るとすぐに脱落するので、下に広げた傘などをおいておくと集めやすい。

野草・山菜

秋〜春

餃子パーティーがはかどる

味や利用法は市販のニラと同じ。筆者は群生地を見つけると餃子をたくさん作る。強い植物で何度でも生えてくるが、鱗茎は採取しないこと。

ニラ
ヒガンバナ科

実は野草でもある野菜

　野菜として大変馴染み深いニラだが、実は身近に生えている野草でもある。河川敷や畑の畔のような斜面に多く、道路の植え込みでもよく見かける。栽培品と比べると小さいが群生するため、発生地を見つければ普段使いもできる。スイセンやスズランスイセン、ハナニラなど有毒の観賞用植物によく似ており、しばしば誤食事故も発生するが、これらの葉は地際から1枚ずつ伸びるのに対し、ニラは地際から少し上で葉が分岐する。また匂いも大きく異なる。もっとも違うのは花の形状で、ニラは線香花火を逆さまにしたような花をつけるのですぐにわかる。

● 採れる場所
身近

不安なら花のついた個体を採取する

ニラとスイセンはもっとも誤食事故が起こりやすく、これを見分けられないと野生のニラを利用するのは難しい。またハナニラとも似ており、スイセンと違ってハナニラの葉の香りはニラと似ていなくもない。不安なら花の咲いた株のみ採取するとよい。

ノビル
ヒガンバナ科

野草・山菜

秋〜春

青ネギとしても白ネギとしても葉の緑の部分は青ネギや細ネギ、白い部分は白ネギやワケギのように利用できる。加熱すると甘みが強くなる。鱗茎は辛みが強い一方で甘みが弱い。

あまりにも有名な野生のネギ

　河川敷や畑の畔など人の手が加わるところに生える。漢字で「野蒜」と書くが、これは「野生の蒜（ニンニクやネギ）」という意味。古くからよく知られた食用野草で、街なかでも見られる便利な存在。アサツキが青ネギ風の見た目なのに対し、ノビルは細いリーキやニンニクといった見た目をしており、香りもネギとニンニクの中間といった感じ。生育場所によってサイズが大きく変わり、肥沃で柔らかい土地では鱗茎の大きさが3cm、偽茎の太さが1cmを超えるような迫力あるものも見られる。初夏に生えてくる花茎はニンニクの芽のように利用できる。

● 採れる場所
身近

葉の断面が三日月状で強いネギ臭がある

秋の終わりに明るい黄緑色の細い葉を伸ばし、やがて葉の色が濃く、太さも太くなっていく。葉は偽茎（白ネギ部分）で左右交互に分岐する。葉は中空で、断面が三日月形をしている。鱗茎は意外と深いところにあり、引っ張ってもうまく抜けない。

野草・山菜

晩秋

蒸すか蒸し焼き。長時間の加熱は必須

アイヌは塊茎の皮をむき、4つに割って根を付け根ごと切除し、1時間以上蒸して食べる。他の地域では囲炉裏の灰に埋め、数時間蒸し焼きにした。

マムシグサ類
サトイモ科

※体調、食べ方によっては、人によって具合が悪くなることもある

有毒だが重要な救荒植物だった

　各地の林床に生息するサトイモ科の多年草。花茎にだんだら模様があり、毒蛇のマムシに似ていることからこの名がついた。標準和名マムシグサをはじめ、同様の特徴を持つテンナンショウ属の植物の総称としても使われる。いずれも全草にシュウ酸カルシウムを含み、調理不十分なまま食べると口中が激痛に襲われ、重篤な場合呼吸困難となることもある。それでも塊茎はでんぷんを多く含むため、古くから飢饉の際には毒抜きの上で食用にされてきた。アイヌは塊茎の毒が減る時期に採取し、毒のある部分を除去しておやつ代わりに食べるという。

● 採れる場所
　里山

花茎の独特な模様で判別する。枯れた花茎を頼りに掘り出す

マムシグサはいくつかの植物の総称として用いられるが、いずれも同様に食用にできる。サトイモ科には見た目の似た植物が多いが、花茎のだんだら模様を目安に探せばよい。大事なのは採取時期で、晩秋もしくは早春、枯れた花茎を頼りに掘り出す。

アサツキ
ヒガンバナ科

野草・山菜

冬〜春

利用法はネギと変わらない

細くて香りの高いネギとしてそのまま利用できる。新鮮なものは茹でると甘みが強く、おひたしやぬたに。鱗茎はよく洗って味噌をつけてかじる。

もはや野菜の域にある野生のネギ

日当たりのよい斜面に生える野生種のネギのひとつ。ハーブとしてよく知られるチャイブの変種とされており、全草に強い香りがある。栽培されるネギよりも色が淡いことから「浅葱」と呼ばれ、その色味が「浅葱色」とされた。細いことから糸葱とも呼ばれる。ノビルとしばしば混同されるが、鱗茎がラッキョウ型をしていることから判別可能。風味がよいため栽培され商品化もされている。スーパーでは砂地で長ネギ的に育てたものをよく見かける。栽培品は甘みが強く、野生株は香りが強い。野生株も完全な山野よりは人の手が入ったことがある場所に多い。

● 採れる場所
身近

浅葱色と葱の香りで見分ける。群生するので見つけやすい

葉の断面は円形で中空。鱗茎はノビルと比べて掘り出しやすく、ラッキョウ型をしている。独特の美しい黄緑色をしており、さらに群生しているため草むらの中にあっても見つけやすい。同じヒガンバナ科に毒草は多いが、いずれも葉の断面は平らで中空ではない。

野草・山菜

冬〜春

旨みとほろ苦さが身上。天ぷらにも。市販の菜花やかき菜とまったく同じ調理法でよい。苦みが気になる場合は茹でて軽く水にさらす。天ぷらにもよい。

アブラナ（セイヨウアブラナ）
アブラナ科

野生株も市販品と同じ美味しさ

いわゆる菜の花で、アブラナ科の代表種。葉から花茎まで食用にでき、とくに蕾のおひたしは春を代表する味わいの一つといえる。ただし現在見られるアブラナはほとんどが明治以降に採油用に移入されたセイヨウアブラナで、在来のアブラナ（弥生時代に移入されたといわれる）はほぼ見られない。カラシナと比べると少ないが河川敷や空き地などで野生化しており、このようなものを採取して食べることができる。もちろん菜の花畑として管理されている場所では採取してはならない。アブラナはハクサイやカブと祖を同じくする植物で、しばしば雑種が生まれる。

● 採れる場所
身近

葉が茎を抱くものがアブラナ

春先、カブに似た葉を展開し、やがて花茎が立ち上がって見慣れた黄色い花を咲かせる。とう立ちしたあとの葉は同じアブラナ科のカラシナ（セイヨウカラシナ）によく似ているが、アブラナの葉は茎を抱くようにつくのが特徴。ただし、中間的な形態のものも多い。

オオアラセイトウ（ショカツサイ）
アブラナ科

野草・山菜

冬〜春

葉を刻んで多めの油で炒める

虫食いのないきれいな葉を摘み取り、1cm幅に切って多めの油で炒めると、ケールのような味がしてとても美味しい。

孔明も珍重した「紫花菜」

　江戸時代頃に日本に移入したと考えられている帰化植物。河川敷や公園、空き地など人の手が入った場所に多く、他のアブラナ科野草と異なりやや日陰を好む傾向がある。晩春から初夏にかけて美しい紫色の花を咲かせ、ムラサキハナナの別名がある。色は大きく異なるが、花の形状は菜の花（アブラナ）にそっくり。原産地の中国では野菜として用いられており、かの諸葛孔明が兵に食べさせたという逸話から諸葛菜の別名もある。アブラナ科の中では美味しくないという評価があるが、調理法を選べばケールのような味がして美味しい。

● 採れる場所
身近

4枚の花弁が十字形につく紫色の特徴的な花で判別

葉の付き方や形状、群生地の環境は他のアブラナ科野草と異なるが、4枚の花弁が十字形につく典型的なアブラナ科植物の花で見分けることができる。可食部は葉で、やや大きく成長したものでも食べられる。むしろ小さい葉より大きい葉のほうが歯ごたえがあって美味しい。

野草・山菜

冬〜春

すべての部位が食べられる

若葉はどんな料理にも利用できる。とくに漬物にすると旨みが強く美味。種子を粉にして水で練ると練り辛子、甘酢に漬けてすりつぶすとマスタード。

セイヨウカラシナ（カラシナ）
アブラナ科

河川敷で一番有用な野草

　全国に分布し、野菜として栽培もされる有用な植物。カラシナは弥生時代頃に日本に伝来し、タカナやカツオナなどさまざまな野菜に改良された。その後明治になり、原種のカラシナが再び移入して帰化したため、こちらをセイヨウカラシナと呼んでいる。このような経緯から、自然環境に生えている野生のカラシナは起源がはっきりせず、さまざまな形態変化に富む。共通点は葉に鋸歯があり、葉柄があって茎を抱かないことと、葉を噛むと爽やかな辛みがあること。葉は野菜として、根は漬物の材料として、種子はマスタードの原料として使うことができる。

● 採れる場所
身近

葉柄があり茎を抱かないのがカラシナ

春先、やや紫がかった緑色の、ダイコンの葉をギザギザさせたような葉を地上に出す。葉が成長するのと合わせて株も大きくなり、やがてとう立ちし、アブラナによく似ているが一回り小さい花を咲かせる。根はダイコンやホースラディッシュに似ている。

ハマダイコン
アブラナ科

野草・山菜

冬〜春

葉は大根葉として、根は蕎麦の薬味に

虫食いのない葉を摘み、刻んで炒めたり味噌汁の具にすると美味しい。根は丁寧にすりおろして蕎麦の薬味にするとよい。若い果実は漬物に。

冬から初夏まで利用できる海辺山菜の頭領

　全国の浜辺や河川下流域の河川敷に生える、わが国の代表的なアブラナ科野草。野菜のダイコンと同一種という説と近縁種だという説がある。カラシナに似ているが葉が大根葉そのものであり、さらに葉柄に棘があることから判別ができる。花の色は白〜紫色と変異に富み、花が咲いたあとには5cmほどのさや状の果実をつける。全体がダイコンに似ていることから見分けがしやすく、葉から根まで丸ごと利用できることから食用野草としての人気は高い。根はダイコンと比べると細くて硬く、辛みが強いが、肥沃な土壌で育つと太く柔らかく甘くなる。

● 採れる場所
身近

ダイコンそっくりの葉と根で判別

初冬、かいわれ大根のような双葉を出し、やがてダイコンそっくりの葉を伸ばす。4月頃に中心部から花茎を伸ばし、白〜紫色の典型的なアブラナ状花をつける。根はダイコンを細くしたような見た目で「辛み」が非常に強い。太くなると中心に木質化した芯ができる。

野草・山菜

冬〜春

熟した実をスパイスとして

完熟した果実を乾燥させ粉末にするとコショウのような香りが出るのでフレーバーとして用いる。チョコに練り込むと美味しい。

フウトウカズラ
コショウ科

本土唯一のコショウの仲間

わが国の本土に自生する種では唯一のコショウ科の植物。関東地方以南の海岸や日当たりのよい林縁に生え、丈夫なつるで岩肌や木に絡みついて伸びる常緑のつる性木本。葉の形やつき方、果実の形状がコショウとよく似ており、コショウのつるを見たことがある人ならすぐに同じ仲間なのだと分かる。一方で果実にコショウのような辛みがなく、そのために利用価値がないと思われがちだが、香りはスパイシーで清涼感がありこれを利用しない手はないと思う。果実を利用する場合は花序ごと乾燥させてから使うとよい。果実だけでなく若い葉を利用する人もいる。

● 採れる場所
海辺

粒状にびっしりつく
独特の形状の果実で判別する

葉脈の目立つ深緑の葉は特徴的だが、それだけで判別するのは初心者には容易でなく、果実の形で判別するのが無難。フウトウカズラの果序は粒状の果実がびっしりとついて細長く、はじめ緑色でやがて赤く熟する。未熟なものは青臭みが強い。

アキノノゲシ
キク科

野草・山菜

周年

炒め物が美味、上級者はサラダに

強い苦みのある乳液は水溶性で、水にさらすと苦みは抜けるが、生food成分も抜けるため悩ましい。炒め物などしっかり加熱する料理で食べやすくなる。

オトナな味わいの「野生レタス」

　多少日当たりのある栄養豊富な土地に生える、キク科の一年もしくは二年草。日本では稲作と同時期に渡ってきた史前帰化植物とされている。ノゲシに似ているが、晩夏～初冬にかけて花を咲かせるためアキノノゲシという名前がついた。レタスの近縁種として知られ、葉を切るとレタス同様に白い乳液を分泌する。この乳液には強い苦みがあるが、健胃作用や精神安定作用があるとされ、薬効のある野草として世界中で利用された。筆者は胸焼けがひどいときに道端で見つけるとよく口にしている。ウサギが非常に好んで食べるらしい。

● 採れる場所
身近

独特の巨大な鋸歯と乳液が特徴

大きくなるとヒトの背丈を超える。葉には大きくて特徴的な鋸歯があり、ノゲシと比べるとマットな質感で平ら。棘が痛くないのも特徴。最近は鋸歯が細かく、葉の枚数が多いタイプのものをよく見かける。大きくなっても葉は柔らかく、茎から掻き取って利用する。

137

野草・山菜

周年

香りをどう感じるかがキモ

独特な香りをどう処するかがポイントとなる。気にならないなら おひたしや天ぷらで、気になるならマヨネーズと合わせると食べやすい。

アシタバ
セリ科

個性的な野菜か、山菜の出世頭か

温暖な海域の海辺や、日当たりのよい山の斜面によく見られる大型のセリ科植物。黄緑色で光沢のある若葉と、切断面から滲む黄色い乳液、小学校の図工の授業を思い出すような独特な香りが特徴。伊豆諸島などで栽培も盛んに行われており、スーパーマーケットにも並んでいるためもはや野菜として認識している人も多いはず。これを原料とした加工食品も多い。知名度が高い一方、独特の強い香りがあることから好みが分かれる。伊豆諸島では特産のクサヤとともに賞味されることも。それぞれの強い香りがクセを打ち消し合い美味しくなる。

● 採れる場所

海辺

有名な山菜だが似た植物も多い。採取の際は要注意

春に若葉を出し、あっという間に50cmほどの高さに成長する。株の中心部から出る若い葉は光沢があり、葉柄の付け根は茎を巻く。ハマウド（食不適）は葉柄に紫色の筋が入り、乳液の色が透明〜白。そのほか似たセリ科植物があるので採取の際は要注意。

野草・山菜

周年

無味無臭なので食感を生かしたい

処理したものは酢を垂らした水でさっと茹でてから水にさらし、ポン酢で食べたり汁の実に。板海苔を作ったこともあるがあまり美味ではなかった。

高栄養価で注目を集める「駐車場のワカメ」

光合成を行う細菌の一種「藍藻類」に含まれる群体生物。寒天質で、クラゲやキクラゲのように半透明であること、砂利質の地面に多く発生することからイシクラゲと名付けられたと思われる。ワカメに似ているが海藻類と藍藻類は生物学上大きく異なる。新鮮なうちはプルプルとしてみずみずしいが、乾燥すると汚緑色〜黒褐色になりまったく美味しそうに見えない。しかしその栄養価は極めて高く、炭水化物やタンパク質を多く含み、専門機関による食材化の研究も進められている。沖縄ではモーアーサの名で市販もされる。踏むと滑るので採取の際は注意が必要。

● 採れる場所
身近

こう見えて利用価値は高い

砂利敷の空き地や校庭のはずれ、駐車場、河川敷などに多い。日当たりの悪い場所を好み、群体はときに手のひらサイズにまで大きくなる。泥や落ち葉などの汚れをかみやすいので、丁寧に水洗いしてから調理する。汚染された可能性のある場所では採取しない。

野草・山菜

周年

柔らかい葉をそのまま調理する

硬そうに見えるが若葉は柔らかく、クセもない。油を使った調理法が合う。卵やツナとともに炒めるとジャマイカの味に。おひたしやあえものほか、

ヒユ類
ヒユ科

硬くて美味しくなさそうだが、野菜として食べる地域も

ヨーロッパ原産の帰化植物。生命力ある植物で、日当たりのよいところを好み、排気ガスを浴びるような道路脇や真夏の炎天下でも元気に茂っている。園芸種として人気のある鶏頭(ケイトウ)と非常に近い仲間の植物であり、似た特徴を持つ。ホナガイヌビユ(アオビユ)とともに食用にされており、やや筋があるものの若葉はクセはなく食べやすい。アオビユはジャマイカやインドでは野菜として扱われており、栄養価の高い食材として珍重されているという。種子の栄養価も高く、アマランサスと呼ばれてスーパーフードのひとつとなっている。

● 採れる場所
身近

特徴的な葉と穂の形状で見分ける

荒れ地、植え込みの中、街路樹の足元などさまざまな場所に顔を出す。三角形寄りの卵型で葉脈が目立ち、また小さいうちから縦に長い穂をつけるので判別は難しくない。葉も茎も毛は生えていない。大きく成長した株でも先端よりの葉は柔らかく食べられる。

野草・山菜 / 周年

よく水にさらしてポテトフライに

塊茎は皮をむいてスライスし、たっぷりの水に数時間さらしてから片栗粉を付けて揚げると美味しいフライになる。シュウ酸が多いので食べ過ぎに注意。

侵略的外来種

イモカタバミ
カタバミ科

可憐なカタバミの無骨な根が食用に

　園芸植物として南米から渡来したと考えられている帰化植物。根の形状からフシネハナカタバミと呼ばれることも多くなっている。直径数十cmの群落を作り、遠目にもよく目立つ。地下に球が数珠状に連なった独特の形状の塊茎を作り、球の直径は大きなものでは5cmほどになる。地上部を引き抜いても地中に根が残り、株分かれして増えるので駆除が難しい。他のカタバミと同じように全草にシュウ酸を含み強い酸味があるが、水にさらすことで食用にできる。手軽に採れる野食材の芋は多くないので貴重な存在。若い葉も食用にすることができる。

● 採れる場所
身近

カタバミらしい葉と紫色の花で見分ける

河川敷や林縁のような、腐植が多く肥沃な土壌を好む。花の中心部が濃い紫色。地上部を束ねて持って引き抜くと容易に塊茎が引き抜けるので、大きなものを選んで食用にするとよい。よく似たムラサキカタバミは葉の色と花の中心が黄緑色。

野草・山菜

周年

酸味を生かした調理法が吉

ハサミや革手袋を活用しながらできるだけ厚みのある葉を採取し、一度茹でてから棘を除去して皮をむき、ピクルスやとろろに。

侵略的外来種

ウチワサボテン
サボテン科

海辺で見かける野生化したサボテン

うちわ状の葉が連なった形状のサボテン。日本においてはもちろん帰化種で、日当たりのよい斜面や海岸沿いなどでしばしば見かける。サボテンの割には寒冷な環境にも適応しており「南国の植物」というイメージはまったくない。全体に鋭く長い棘が生えていて迫力があるが、怖いのはその棘の付け根に生えている毛のような小さな棘。これが一度衣服に刺さると永遠にチクチクし続ける。メキシコなどで葉が食用にされており、日本に自生するものはやや筋があるが同じように使える。果実は酸味が強く独特の味だが、これも食べられる。

● 採れる場所

海辺

判別は容易だが扱いには注意。大きく厚い葉を探す

乾燥や寒さに強いが日光がないと枯れてしまうので、崖地や斜面に多い。種子が海流や河川によって運ばれるため水辺に多く生えている。人為的に植えた株でないことを必ず確認する。小さい葉は筋ばかりで食べ辛いのでできるだけ大きく厚い葉を探す。

エゴマ類
シソ科

野草・山菜 / 周年

香りを生かし各種料理に

市販のエゴマ同様に食べることができる。サンチュの代わりに用いると美味しい。キムチのもとであえてもよい。レモンエゴマはサラダや茶に。

山野に自生する便利なハーブ

　シソと非常によく似た葉をつけるが、香りが異なる。市販されるエゴマとまったく同じものであり、天然物も同じように使える。香りは変異が大きく、ゴマのような香りがするものからシソに近いものまでさまざま。レモン様の香りをもつレモンエゴマという別種もある。最近ではシソとエゴマは同じ植物であるとする説が主流になっており、香りの強弱は遺伝的形質であると見られる。葉と果実を食用にするほか、種子から油を搾ることもできる。古くは重要な油脂源植物であり、栽培も盛んであった。荏原、荏田などの「荏」はエゴマを指す。地域によってはジュウネンとも呼ばれる。

● 採れる場所
里山

林道沿いや開けた沢沿いに多い

エゴマ、シソ（青ジソ）、レモンエゴマは見た目では判別できないので、それらしいものを見つけたら葉をちぎって揉み、匂いを嗅ぐ。香りの弱いものは利用価値が低いので香りの強い個体群を探す。毒棘のあるイラクサに似ているので手を出す前に棘がないかを確認する。

野草・山菜

周年

中国ではおかゆの具にする

さっと茹でてしばらく水にさらし、炒め物に。中国では中華粥のトッピングにするという。大きい葉は天ぷらも美味しい。

オオバコ
オオバコ科

踏みつけられて育つ身近な食用野草

　各地の道端、とくに未舗装の轍の目立つ道路によく生える。種に粘着性があり、野生動物やヒトの足、車のタイヤなどに付着して分布を拡大させる。そのため人が来るところであれば高山の上などの意外な場所にも生える一方で、人も車も来ない場所では目にすることがない。葉脈や葉柄が丈夫なため、草花遊びに使ったことがある人は多いと思う。一方で葉そのものは柔らかく、加熱すると食べやすくなる。近縁種のヘラオオバコをはじめ、各種の外来オオバコをよく見かけるようになっている。これらも食用になるが美味しくはない。

● 採れる場所
身近

葉脈の目立つ葉と独特の花穂が目印

関東地方より南であれば一年中利用できる。中心から若葉を出し、やがて葉柄が出て伸長し、初夏になると花穂を伸ばす。大きい葉でも、黄緑色で柔らかそうな葉なら利用できるし、逆に濃い緑色の葉は小さくても硬いことが多い。加熱すると意外なほど柔らかくなる。

侵略的外来種

オニノゲシ
キク科

野草・山菜

周年

水さらしの時間が肝要

若く柔らかい葉を採り、刻んで水にさらして苦味を抜き、サラダに。油炒めも美味しい。茎は乾燥保存し、水で戻して中華風に炒める。

調理法次第で「山のクラゲ」に

19世紀末に侵入し、現在では全国に分布している帰化植物。葉に強い棘があり、成長したものは手に刺さるとかなり痛い。大きいと草丈1mを超え、茎の太さも5cmほどになる。肥沃で湿り気のある土地を好み、畑や果樹園の雑草として厄介な存在。キク科に属し、近縁のノゲシとともにやや苦みがあるが若葉を食用にできる。ノゲシと交雑したものはアイノノゲシと呼ばれ、中間的特徴を持つ。また大きく成長する茎は他のキク科植物にはあまりない特徴で、硬い外皮をむいて乾燥させたのち、水で戻すといわゆる山クラゲのような味わいになって美味。

● 採れる場所
身近

アザミ類との混同に注意。タンポポに似た花をつける

大きな草丈や発達した葉の棘はアザミの仲間を思わせるが、タンポポに似た花をつけるので区別できる。葉や茎をちぎると白い液が出るが、これが苦い。茎は太いが中空で、外皮をむくと可食部はあまりない。できるだけ太いものを採るのが望ましい。

野草・山菜

周年

生で食べても
お茶にしてもグッド

全草を乾燥させ、やかんで煮出して飲むと清涼感のあるハーブティーになる。
生食する場合は若い葉を採り、よく洗ってそのまま食べる。

カキドオシ
シソ科

もっとも身近なハーブティー原料

　林縁や建物の影など、やや日陰気味で湿り気の多い場所を好むシソ科の野草。茎が垣根を突き抜けて生えてくることから垣通しという名前がつけられたといい、その名に恥じない旺盛な生育力を見せる。わが国ではグリーンカーペットとしての需要のほか、野草茶の原料としては比較的ポピュラー。東南アジアではハーブとして生食もされる。全草にシソとエゴマの中間のような香りがあり、採取時にも立ち上るほど強い。魚よりも肉との相性がよく、筆者はバーベキューパーティーの際、肉の味に飽きたときにこの葉を摘んで味変に用いている。

● 採れる場所
　身近

**全草に
エキゾチックな香りがある**

茎ははじめ上空に向かって伸びるがやがて倒れて地面を這い、走出枝のようになって伸長し、鋸歯のあるコインのような葉が対生する。全体に細かい毛が生えていて触るとざらつく。ウコギ科のチドメグサやウチワゼニクサにやや似るがこれらは毛や香りがない。

カタバミ
カタバミ科

野草・山菜 / 周年

爽やかな酸味が身上

若くて柔らかい葉を採り、よく洗ってサラダのアクセントに。酸味を生かして酢の物にも。少量で十分な酸味が味わえる。

酸味が魅力的だが摂取し過ぎは厳禁

　カタバミ科の代表種で、特徴的なハート型の小葉をつけ、しばしばクローバーと混同される（クローバーはマメ科の植物でまったく無関係）。街角でもよく見かけ、黄色い花や小さいオクラのような果実はよく目に付く。果実は触ると弾け、種子が遠くに散布されるので、子どもの頃に遊んだことがあるという人も多いだろう。葉の色が赤みを帯びているアカカタバミも同じようなところに生えており同様に利用できる。全草に有機酸を含み爽やかな酸味があることから、海外ではサラダの材料などでよく用いられる。ただし結石の原因となるシュウ酸も多く含んでいるため食べ過ぎは厳禁。

● 採れる場所
身近

葉の形で容易に判別可能。黄色い花もよく目立つ

日当たりのよい街角、植え込み、庭先、野原などさまざまな場所で見られる。5枚の花弁がついた黄色い花は小さくてもよく目立つ。クローバーと異なり四葉はほとんど見つからない。葉の大きいムラサキカタバミやイモカタバミも同様に利用できる。

野草・山菜

周年

ギシギシ類
タデ科

新芽のぬめりと酸味が身上

新芽をハサミやナイフで丁寧に摘み取り、汚れを洗い落としてから茹で、水にさらしてからおひたしに。包丁でよく叩いてとろろにしてもよい。

胃腸に優しいヌルヌル植物

日本全土に分布し、さまざまな場所で目にする非常に一般的な雑草。穂を振ると果実がこすれ合ってギシギシと音を立てるからこのように名付けられたといわれるが、別にそのようなことはない。ナガバギシギシ、エゾノギシギシなどの外来ギシギシや交雑と思われる個体も多く、種類を厳密に同定するのは困難だが、いずれも同様に食用にできる。全体的に非常に丈夫で一見すると食べられなさそうだが、株の中心に伸びてくる新芽は柔らかく、ぬめりに包まれていて美味しそう。根は羊蹄根という生薬として知られる。近縁のスイバも同じように食べられる。

● 採れる場所
身近

葉脈の目立つ細長い葉を見つける

大きくなると草丈1mを超える。ナガバギシギシでは株の直径も1mを超えるようなものがあり、春先まだ緑が少ない時期から青々としているので非常によく目立つ。株の中心に伸びてくる筒状に巻いた若葉は、明るい黄緑色でぬめりに包まれており非常に特徴的。

キダチアロエ
ツルボラン科

知名度の高い万能薬草

　日本原産ではないが、環境適応性が高く全国各地で自生している。ただし純粋な自生というよりは、人の営みのある場所やかつて人が住んでいたような場所で育てられていた株が野生化したものが多いと思われる。茎が木質化し株立することから木立ちアロエの名がついた。アロエヨーグルトに入っているアロエはアロエベラで別種。多肉植物のご多分に漏れず日当たりのよい場所を好み、乾燥に強いので海沿いや河川敷で多く見られる。外用にも内服にも使える万能薬草で「お腹を壊したときにおばあちゃんに飲まされた」という思い出がある人も多いだろう。

● 採れる場所
身近

1〜2mほどの株に成長。棘のある多肉的な葉が特徴

大きくなると1〜2mほどの株に成長し、花茎の高さも1mを超える。葉の長さはアロエベラよりも短く数十cmほどまで、幅も5cmほどでしか成長しないが、株立して数多くの葉をつける。葉は多肉質で縁に短い棘が並ぶ。花はオレンジ色で咲くとよく目立つ。

野草・山菜

周年

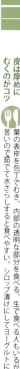

皮は厚めにむくのがコツ

葉の表皮を包丁でむき、内部の透明な部分を食べる。生で食べる人もいるが苦いので茹でて水さらしすると食べやすい。シロップ漬けにしてヨーグルトに

野草・山菜

周年

実はドライフルーツ、葉は炒め物に

果実は美味しそうだが、青臭みとエグみが強く生では不味。で煮て、乾燥させてドライフルーツにする。葉は天ぷらか炒め物に。洗ってから砂糖水

クコ
ナス科

実だけではなく若葉も食用可能

各地の草原や河川敷、畑の畔などさまざまな場所で見られる身近な低木。しばしば群生し、枝に硬い棘が生えることから嫌われるが、中国では非常に親しまれる食用・薬用植物。春先、まだ他の草が少ない時期に顔を出し、枝をにょきにょき伸ばして濃い緑色の葉を茂らせる。秋になると紫色の小さな花をつけ、晩秋から冬にかけて卵型の赤くて光沢のある果実をつける。この果実をドライフルーツにしたものは中国で枸杞子と呼ばれ、茶の原料にしたり杏仁豆腐に乗せる。最近ではゴジベリーと呼ばれて世界的に注目される健康食品。若い葉も食用になる。

● 採れる場所
身近

地上から四方に枝を伸ばす低木

一見すると草本のように見えるが、棘の生えた細い枝を地上近くから伸ばす特徴的な低灌木。河川敷や造成地などの草むらのなかに混ざるように生えており、他の樹木がある場所には少ない。花は5枚の花弁が開くナス科植物の典型的なもの。

クズ
マメ科

野草・山菜

周年

柔らかく太いつるは茹でて美味

できるだけ太いつるの先端を折り取り、茹でて皮をむきおひたしに。旨みが強く絶品。葉は天ぷらにしたり茶にもできる。

もっとも身近な美味しい野草

　代表的なマメ科野草で、空き地や河川敷、公園、林縁など日当たりのよい場所には必ずといっていいほど生える。河川敷などでは大繁茂し、一面がクズで覆われるほど。このことからグラウンドカバーとして有望視され北米に持ち込まれたが、塊根が発達する多年草のため駆除が非常に難しく、やがて難防除雑草として憎まれる存在となった。この肥大する塊根から採ったデンプンが由緒正しい葛粉だが、採取は非常に大変。一度でも自作すると、本葛粉の高価さにも納得できる。つるの先端や若い葉が美味しく、こちらを利用するものと考えたほうが楽だ。

● 採れる場所
　身近

三出複葉の大きな葉と毛の生えたつる

どこにでもよく生えるため、誰でも一度は見たことがあるはず。3枚の小葉で形づくられる巨大な葉と、黒い毛がもっさり生えたつるが特徴的で似たものはあまりない。夏になると藤の花を逆さまにしたような花をつけ、その後小さなさやの豆果をつける。

野草・山菜

周年

若く巻いた葉を利用する

巻いた葉や柔らかい若葉を採取し、乾燥させてから軽く炒り煮出すと爽やかな風味の茶になる。そのまま生食したり天ぷらで食べる人もいる。

クマザサ
イネ科

「ササ」って意外と美味しい

　山地の林床に多いが、庭の植栽としても非常にポピュラーな植物。葉の縁が隈取られたように枯れるので隈笹と呼ばれたのが名前の由来。本来は大型のササで草丈は2mほどになり、葉のサイズも20cmほどあるが、植えられたものはそこまで大きくはならない。巻いた若葉を篠笛にして遊んだ人も多いと思うが、この巻いた葉が食用になる。茶の原料としては比較的ポピュラーであり、またそのまま食べられることもある。葉は抗菌作用を持ち、食材を包むのに用いられた。口臭を消す作用があるといわれるので、人に会う直前に口にすることもある。

● 採れる場所
身近

ササの仲間は基本的にすべて利用可能

クマザサと呼ばれているものは実際は数多くの種を含み、あまり区別せずに利用されてきた。食用に用いる場合は隈取のない、若く黄緑色の柔らかい葉を採取する。大きな葉は縁に細かい棘があり、柔らかい皮膚に当たると傷ができることがあるので注意。

クレソン（オランダガラシ）
アブラナ科

侵略的外来種

野草・山菜

周年

さまざまな調理法で美味

さっと茹でてサラダや付け合わせに、おひたしや辛子あえに。ジビエやラムなどクセのある素材とともにスープにすると蠱惑的な味となる。

便利で美味だが厄介な外来植物

　明治期に日本に移入された外来植物で、オランダガラシの和名をもつ。河川や用水路といった流水が当たる場所によく生え、ときに大群生を見せる。しばしば清流の象徴のような扱いを受けるが、やや汚い水のほうが旺盛に成長する。肉料理の付け合わせとして有名で、ピリッとした辛みが魅力的。しばしば栽培されるほど人気があるが、繁殖力が旺盛で他の植物を圧迫するため有害な外来種でもあり、駆除も行われる。採取の際は根ごと採取すると駆除にもなり一石二鳥。ただし根を適当に捨てると拡散につながるので厳禁。野生株の生食は肝蛭の感染リスクがある。

● 採れる場所
水辺

羽状複葉とアブラナ科らしい白い花

川岸や中州、用水路、側溝の流れの中に生え、草丈は数十cmほどになる。市販されるクレソンとまったく同じ見た目をしており、初夏になると小さく白い花をびっしりと咲かせるのでわかりやすい。茎は太くても柔らかく、全草が利用できるが果実だけはちょっと硬い。

野草・山菜

周年

酸味と甘みをアクセントに

若く柔らかい葉を茹でてサラダに混ぜると美味しい。よく洗い、生のままラーメンにトッピングするのもよい。花を天ぷらにするとわずかに甘くて美味。

クローバー・シロツメクサ・アカツメクサ
マメ科

実は食べられる「四葉のクローバー」

　明治期に移入された外来植物だが、各地に広がり今やもっとも馴染みの深い野草のひとつとなった。海外から送られてきた荷物の緩衝材として使われていたことから「詰草」の名がついた。小葉は基本的に3枚だがしばしば4枚の葉があり、四葉のクローバとして珍重されるのはご存じのとおり。一般的にクローバーと呼ばれるシロツメクサのほか、二回り大きく、株立ちして赤い花を咲かせるムラサキツメクサ（アカツメクサ）もある。全草が食べられる。とくに若葉には爽やかな酸味があり、柔らかくて利用しやすい。花には蜜が多く、蜜源植物としても有益。

● 採れる場所
身近

踏みつけの少ない場所で見慣れた3枚葉を探そう

シロツメクサはどこにでも生えるが、採取するなら踏みつけの少ない河川敷の草むらの中などを探すのがよい。食用にできるのは若い葉と花で、花茎は硬くて美味しくない。四葉だけ集めて提供するとオシャレかもしれない。ムラサキツメクサは花を利用する。

シソ
シソ科

野草・山菜

周年

栽培種とまったく同じに

野生種といえど栽培種と同じように利用できる。青ジソと同じように食べられる。赤ジソは梅干しを漬けるのにしか使えないと思っている人もいるが、

畑から逃げ出し野生化している

さまざまな場面で使われる和食に欠かせないハーブ。エゴマと同一種といわれており、独特の香りが強いものが選抜され栽培品種として固定されたものがシソとされる。そのためエゴマと交雑するとシソの香りは弱くなる。こぼれ種から容易に発生し、畑の近くの道路脇に生えていたり、かつて人が住んでいた場所に群生したりしているのでそれを利用する。赤ジソ、青ジソどちらも生えており、表面が青く裏面が赤いものもしばしば見られる。山中の林道の脇に生えていることも多く、しばしばエゴマと混生する。葉をちぎって揉めば判別は簡単。

● 採れる場所
里山

葉の形状と香りの両方を確認する

典型的なシソ科の形状をしており、鋸歯の目立つ卵型の葉はちぎると強いシソの香りがある。青ジソはエゴマとの判別が難しいが香りが異なる。ほかにイラクサ科のイラクサと混生することがあり、パッと見は似ているので、不安なら採る前に棘の有無を確認する。

野草・山菜

周年

シロップがデザートに使える

赤みの強い葉を刻み、砂糖と水を加えて煮ると美しいルビー色のエキスが採れる。煮詰めると甘酸っぱいシロップができるので、ヨーグルトにかけると美味しい。

スイバ
タデ科

フレンチではハーブになる雑草

　ギシギシやイタドリと同じタデ科の植物で、シュウ酸などの有機酸を多く含み強い酸味がある。イタドリ同様にスカンポと呼ばれ、子どもたちのおやつになっていた。ギシギシにやや似ているが、スイバの葉は矢じり形をしており、また葉脈が弱くツルッとした印象を受ける。フランスではソレルと呼ばれてハーブとして活用されており、栽培もされる。冬の間は寒さに耐えるために赤く染まり、非常によく目立つ。この時期の葉を刻んで煮詰めると美しく赤いシロップができ、製菓材料に使える。ルバーブと近縁であり同じように利用できる。便秘によいと言う人もいる。

● 採れる場所
身近

春先は赤く染まり、見つけやすい

早春、ロゼット状の株は葉が赤い株が多く、このようなものは柔らかくて利用しやすい。暖かくなると緑色になるが、触ってみて柔らかいものは引き続き利用できる。茎は子どもたちがおやつ代わりにかじるが、食材としては筋張っており利用しにくい。

スベリヒユ
スベリヒユ科

野草・山菜

周年

ぬめりと酸味を生かす

さっと茹でて一口大に切り、オリーブオイルと塩であえると美味なサラダになる。包丁でよく叩きとろろに。干したものは戻して甘く煮る。

道端の野草の中では一番うまい!?

　田畑の畔、空き地、植え込みの中など日当たりがよく肥沃な土地に生える野草。園芸植物であるポーチュラカの仲間で、見た目も非常によく似ている。暑さに強いC4植物というグループの野草で、夏の盛りにも旺盛に生えるので重宝する。葉、茎ともに多肉質で柔らかく、ビニール細工のような見た目が特徴的。しばしば混同されるコニシキソウは葉も茎も多肉的ではないので判別は容易。全草に爽やかな酸味とぬめりがあり、消化器によいとされ各地で食用にされてきた。山形など市販される地域もある。ギリシャのクレタ島でも人気の高い食材。

● 採れる場所
身近

乾燥保存すれば いつでも食べられる

赤みの強い多肉質の茎を地面を這うように伸ばし、直径1m程度の株に成長する。非常に生命力が強く、刈り取って置いておいてもなかなか枯れず、新しい芽を出すほど。干して保存食とする地域もあるが、茹でてから干さないといつまで経っても新しい芽が出てくる。

野草・山菜

周年

苦みを抜くのに水さらしが重要

柔らかくて大きな葉を採取、よく洗ってから刻んで水にさらして苦みを抜き、オリーブオイルと塩であえると絶品のサラダに。天ぷらや白あえも美味。

タンポポ類
キク科

採取場所を選べば美味しく食べられる

わが国でもっとも知名度の高い野草。20世紀初頭に日本に移入された外来タンポポと、元来国内に生息していた在来タンポポがあり、いずれも食用にできる。西日本には花が白いシロバナタンポポという在来種もある。外来タンポポと在来タンポポは棲み分けが見られ、都市部では前者が、郊外や山間部では後者がよく見られる。綿毛以外ほとんどすべてを食用にすることができるが、苦みが強く食べづらいことがある。日向に生えて色が濃い株は苦みが強く、樹下などの日陰に生えて色の淡いものは比較的食べやすい。根を炒って煮出すと「タンポポコーヒー」になる。

● 採れる場所
身近

地上から中が空洞の花茎が伸びるのが特徴

タンポポに似た野草は多いが、タンポポの花茎は地上近くから直接立ち上がること、中空のストロー状であることで見分けられる。英名のダンデライオンは「ライオンの歯」の意味があり、歯のギザギザを例えたものだが、ギザギザが少ない、ほぼない個体もある。

ツルナ
ハマミズナ科

野草・山菜

周年

サクサクとした歯ごたえは他にないエグみのないものもあり、さっと茹でて水にさらし、おひたしや汁の実に。場所によってはほとんどそのままスープに入れてもよい。天ぷらも美味。

一年中使える便利な「浜のホウレンソウ」

海岸や河口に近い河川沿いの日当たりのよい場所に群生する野草。アイスプラントと近い仲間で、見た目も多肉質でよく似ている。地表から茎を伸ばし、大きなものでは高さ数十cm、葉の大きさも7〜8cmになる。大きく成長しても柔らかく、果実以外は丸ごと食用にできる（果実も毒はないが硬い）。英語名はニュージーランド・スピナッチといい、ホウレンソウとは分類学上縁遠いが似たように利用できる。寒さや暑さに強く、一年中利用できるのがうれしいところ。肉厚な葉は食べごたえがありさまざまな料理に使えるが、シュウ酸が多いので下茹でしてから調理する。

● 採れる場所
海辺

三角形で肉厚の葉の裏には透明なつぶつぶ

葉の表面は細かい突起で覆われておりざらつく。はじめは明るい黄緑色だが、成長すると濃い緑色になる。大きくなっても柔らかく、茎ごと利用できる。葉の裏には塩嚢細胞と呼ばれる透明なつぶつぶがあり、体内の余計な塩分をここに排出している。茹でるとぬめりが出る。

野草・山菜

周年

茹でてから揚げるとアスパラの味

太い葉柄の皮をむいて茹で、水にさらしてから天ぷらにする。サクッとしながらジューシーで、アスパラガスとフキのいいところを合わせたような味。

ツワブキ
キク科

マイナーだが、本家に負けない味

　海岸沿いや山の斜面など日当たりのよい場所に群生する。葉や葉柄の形状はフキに似ているがより厚みがあり、光沢があって色が濃い。花の形はまったく異なり、キク科らしい黄色い花弁の花を咲かせる。花や葉が鮮やかなので観葉植物として庭に植えられる。葉柄は中実で持つとずっしりとしている。若い葉や葉柄は細かい毛に覆われており、ビロードのような心地よい手触りをしている。食べるのは主に葉柄で、皮をむいて茹でてから煮たり天ぷらにする。香りがよくジューシーで本家フキとは違う魅力がある。佃煮にしたものは本家同様にきゃらぶきと呼ばれる。

● 採れる場所
海岸

**葉柄が成長し、
その後で葉が展開する**

株の中心から数多くの葉を出すが、若い葉はまず葉柄が伸長し、その後で葉が展開する。葉柄が成長しきったくらいで収穫するのがよく、太ければ太いほど美味しい。アクには有毒成分が含まれており、下茹でと水さらしは長め(最低10分程度ずつ)に行う。

ドクダミ
ドクダミ科

野草・山菜 / 周年

天ぷらやお茶、生食も乙な味。加熱すると甘みとまろやかさになる。天ぷらは甘みと酸味がありかなりまろやかになる。お茶にすると爽やかな風味。生で刻んでパクチーのように使える。

日本三大薬草のひとつ「十薬」

　建物の影や植え込みの下など、日当たりの悪い場所を好んで生える野草。暗い緑色をしたハート型の葉、ハッとするような純白の総苞片を十字につけた花、触るだけで漂う悪臭などキャラが濃く、他に似たものはない。生命力が強く、積極的に駆除しない限りすぐに大群落となる。その強い悪臭から「毒溜め」の名がついたが、さまざまな薬効を期待して古くから用いられてきた薬草であり、十薬という生薬名をもつ。中国南部ではハーブとして欠かせない存在で、その魚のような生臭い匂いから「魚腥草」と呼ばれる。この匂いは乾燥や加熱などの加工でかなり弱まる。

● 採れる場所
身近

**葉の形と匂いで
すぐに同定可能**

地上部はさほど大きくならないが、地下茎は非常に長く発達し、駆除したつもりでもまた生えてくる厄介な雑草。躍起になって駆除するよりも利用することを考えたほうがいいだろう。ただしダメな人は本当にダメなので無理に他人に利用を勧めない方がよい。

野草・山菜

周年

健康食品と思うのが吉か？

全草を摘み取り、さっと茹でてから水にさらしおひたしや辛子あえに。青臭みが強くあまり美味しくはないが栄養価は高い。

ハコベ類
ナデシコ科

もっとも身近な春の七草

植え込みや道路脇、ちょっとした隙間でも見かけない場所はないほど身近な雑草のひとつ。「はこべら」として春の七草にカウントされているので知名度は高い。小鳥を飼育してる人には飼料としても馴染みがあるかもしれない。もっとも多く見かけるコハコベやミドリハコベのほか、肥沃な場所に生える大型のウシハコベなども食用にできる。正直なところ味はそこまでよいわけではないが、栄養価は非常に高いといわれ、健康食品として食べる好事家も多い。食用にするならウシハコベ（右写真）が柔らかくておすすめ。かつては薬用歯磨き粉としても用いられた。

● 採れる場所
身近

ハート型の花弁が5枚ついた星のような花

ハコベ類は外見に多様性があり、葉や茎で見分けようとすると少し難しい。そのため花の形状で判別するとよい。ハート型の花弁が5枚ついた小さくて白い花が特徴的だが、花弁の切れ込みが大きいためパッと見は10枚に見える。ハコベ類はいずれもこのような花をつける。

ハマゴウ
シソ科

野草・山菜 | 周年

さまざまな場面で使えるハーブ

乾燥させた果実や生の若葉を煮込み料理に。果実酒を作ってもよい。

乾燥させた葉はお茶にしたり、風呂につけて薬湯を楽しむ。

平安時代から使われた天然香料

　海岸に生えるシソ科の低灌木。地表に枝を這わせて数mの茂みを作る。浜辺に生えて香りが高いことから「浜香」の名がつけられた。その香りのよさは平安時代からよく知られていたようで、風呂に入れて薬湯にしたり枕元において安眠をもたらすのに使っていたとされる。芳香は全体にあるが、乾燥すると飛んでしまいやすいので扱いが難しい。香りの質としては肉料理とよく合い、乾燥させた果実を煮込み料理に使うと爽やかで食欲の増す風味が付与される。生薬をローリエのように用いてもよい。果実酒を作ると琥珀色の美味しいものができるという。

● 採れる場所
海辺

海岸植物では もっとも香り高い

海岸の砂地や、岩場・護岸の隙間からも旺盛に枝を伸ばす。90°ずつ傾きながら対生する葉のつき方にシソ科らしさを感じる。初夏に青紫色の花を咲かせ、硬い果実をたくさんつける。全体にユーカリのような清涼感ある香りがあり、葉をもんでみると判別は容易。

野草・山菜

周年

細かく刻んで苦みを抜いて使う

葉を2〜3㎜幅に切り、水にさらして苦みを抜く。苦みが気になるなら長めに。白あえやオリーブオイルであえると苦みが感じにくくなり食べやすい。

ホソバワダン
キク科

強烈な苦みが胃によい

　海岸沿いの岩礁帯に生えるキク科の多年草。島根県以南の西南日本に分布しており、南に行けば行くほどよく見られる。同じキク科のアキノノゲシやタンポポと同様に茎や葉をちぎると白い液が出てくるが、これが強烈に苦い。しかしこの苦みが胃によいとされ、沖縄ではンジャナ、ンギャナ（苦菜）と呼ばれて野菜のように用いられている。最近では沖縄食材店でもごく一般的な存在。調理のときは刻んで水に放ち苦みを抜くが、抜きすぎると健胃作用も失われるので悩ましい。オリーブオイルや豆腐で苦みをマスキングする調理法がおすすめ。

● 採れる場所
海辺

タンポポのようだけど肉厚な葉

多年草で、昨年の花茎が枯れたものが株の周囲に残る。葉は淡い緑色で光沢はなく、タンポポの葉が丸みを帯びたような感じ。花もタンポポの花を少し小さくしたような形でよく似ているが、花茎の頭頂部に複数つける。葉や茎をちぎると白い液体が出て、舐めると苦い。

ミツバ
セリ科

野草・山菜

周年

加熱調理がおすすめ

細かく刻めば生食も可能だが、大きさと風味の強さを生かした加熱調理がおすすめ。さっと茹でておひたしにしたり、そのまま鍋に入れてもよい。

日本原産の野菜は優秀な山菜

　全国の薄暗い林床や湿り気の多い谷間などで見かけるセリ科植物。山菜というより野菜としての知名度が高いが、数少ない日本原産の野菜であり、野草としても非常に身近な存在。栽培種と比べると葉柄が短いが葉は非常に大きく、幅10cmを超えることもある。名前の由来にもなったきれいな「三つ葉」が特徴的だが、ウマノミツバと間違えやすいので注意が必要。ウマノミツバは小葉の鋸歯が大きく、葉が5枚あるようにも見えること、ミツバのような爽やかなセリ科の香りがないことが判別ポイント。野生種は栽培種と比べると葉が硬く生食には向かないが、風味は強い。

● 採れる場所
身近

ミツバらしい香りを必ず確認する

ウマミツバの他にもキンポウゲ科のキツネノボタンが似たような場所に生えており、こちらは有名な有毒植物であるため絶対に間違えないようにしたい。キツネノボタンの小葉はそれぞれに葉柄があり、3枚が独立した葉のように見えるのが特徴。ミツバらしい香りもしない。

野草・山菜

周年

ミントの葉を入れたスープが美味

乾燥させて煮出しお茶として楽しむほか、若い葉はトッピングにもされる。牛肉と若いミントの葉を合わせた中華スープは非常に美味しい。

ミント類
シソ科

どこにでも生えている強健なハーブ

　シソ科植物ではシソ（エゴマ）についで知名度が高く、世界中にさまざまな種類が分布する著名なハーブ。在来種で利用されるものはハッカ（ニホンハッカ）のみであるが、世界中からさまざまなミント類が帰化している。関東ではアップルミントと呼ばれるマルバハッカがもっともよく見られる。北日本に行くと、ペパーミントやスペアミントなども野生化しているのを見かける。精油原料としてよく知られ、商業的にも個人的にも利用される。生葉の場合はデザートに添えるかお茶にして飲むのが一般的と思われるが、料理に使っても美味しい。

● 採れる場所
身近

シソ科特有の、鋸歯の目立つ卵型の葉のつき方で覚える

ミントに限らず、シソ科植物は葉が対生し、しかも段ごとに90°ずれる形状となっているものが多い。鋸歯の目立つ卵型の葉と合わせ、怪しい草を見つけたら葉をちぎって匂いを嗅いでみるとよい。ただし毒棘を持つイラクサの仲間には注意。

モンステラ（ホウライショウ）
サトイモ科

野草・山菜 / 周年

美味しいが食べ過ぎに注意
完熟した果実は甘く、生食のほかジャムやフルーツソースにしても美味しい。完熟してもわずかなシュウ酸カルシウムを含むので食べ過ぎには注意。

南国の「美味しいモンスター」

　中米原産のサトイモ科の植物で、わが国では観葉植物として非常に有名。伊豆諸島や南西諸島などの温暖な地域で野生化し、薄暗い林床に生えているのを見かける。学名のモンステラ・デリシオサは「美味しいモンスター」の意で、巨大で奇妙な形の葉を怪物に例えた。自然環境下ではびっくりするほど大きく育ち、甲羅に包まれたバナナのような果実がなる。完熟した果実はパイナップルやバナナ、マンゴーのようなトロピカルな香りと、チェリモヤのようなとろける甘みを持つが、少しでも未熟だとシュウ酸カルシウムを含み、食べると激痛が走る。

● 採れる場所
海辺

葉も果実もほかにはない形状。完熟し脱落した果肉を食用に

自然環境下では非常に大きく育つ。株の中央から花茎を伸ばし、同じサトイモ科のミズバショウに似た花を咲かせ、結実する。未熟なうちは濃い緑で硬く締まっているが、熟すると黄緑になり、表皮が剥がれ、果肉も脱落するのでそうなったものだけを食用にする。

野草・山菜

周年

基本的には天ぷら専用野草

葉を洗い、裏面にのみ衣を付け、高温の油でさっと揚げる。歯ごたえのよさとほろ苦さが天つゆによく合う。

ユキノシタ
ユキノシタ科

天ぷらにするためにある?野草

　薄暗い林床や崖の下、沢沿いなどの湿った場所を好む多年草。黒い筋が入り、柔らかな毛の生えた葉の様子を虎の耳に例えた虎耳草(コジソウ)という名称もある。ユキノシタという名前の由来はあまりはっきりしていないが、食べられる野草としての知名度は高い。肉厚の葉は天ぷらにすると歯ごたえと香り、甘みがあり、山菜らしいほろ苦さもあって絶品。山奥の料理屋で山菜天ぷらを注文するとこれが入っていることも多い。一方でおひたしや胡麻あえといったような調理法だとエグみが際立ち、表面に生えた毛も口に触るためさほど美味しいとは思えない。

● 採れる場所
身近

独特の形状の葉は似たものがない
ネコの手のようなシルエットの、肉厚で丈夫な毛の生えた葉は他に似たものがなく、初心者でも判別のし易い野草であることが人気の理由かもしれない。葉は大きいと幅10cm以上になるが、大きくても天ぷらなら問題なく食べられる。植えられているものは採取しない。

ヨモギ
キク科

野草・山菜

周年

和食で大活躍する香りと歯ごたえ

若葉は重曹を入れた湯で柔らかくなるまで茹で、水にさらして餅に突き込んだり、麺に練り込む。香りがよくて美味しい。少し成長した若葉は天ぷらに。

春先から秋まで利用できる便利な薬草

キク科の多年草で、もっとも知名度の高い食用野草のひとつ。これを摘んで草餅を作った経験がある人は多いだろう。河川敷、野原、空き地、植え込みなど身近な環境で見ることができ、葉を揉むとキク科特有の爽やかな香りがするので判別も容易。ただし強いアクを含み、何も考えずに調理してしまうとすべてが苦みに染まって台無しとなってしまう。基本的には芽出しの頃の裏が白い綿毛で覆われた若葉、あるいは茎の先端のごく若い葉を利用し、重曹とともに茹で、茹でたあとの水さらしをしっかり行う。沖縄などに分布するニシヨモギは苦みが少ない。

● 採れる場所
身近

それっぽい葉を見つけたら揉んで嗅ぐ

春先は根生葉だけの小さな株だが、夏にかけて大きく伸び、草丈は1m以上になる。左右が大きく裂けた独特な形状の葉をつけるが、変異は大きい。不慣れなうちは根生葉のみを採取し、裏面が白い綿毛で覆われていること、強い香りがあることを確認する。

絶対に見誤ってはいけない
有毒植物
Toxic Plants

重要

バイケイソウ類
シュロソウ科

●生育場所
里山

●間違えやすい野草・山菜
オオバギボウシ

芽出しはギボウシ類そっくり

　本州の高山地帯や北日本など寒冷な地域に生育する。高原地帯に群生し、葉や花が美しいために名物となることがある。芽出しの時期はオオバギボウシやギョウジャニンニクと似ており、誤食する事故がしばしば発生する。毒性は強く、嘔吐や下痢などを発症し、多食すると死に至ることも。また催奇性があるといわれ、妊婦が食べると胎児にも危険が及びうる。上記の野草は根生葉であるのに対し、バイケイソウの新芽は茎生葉である点で判別が可能。またバイケイソウには苦みがあるとされる。

春

ハシリドコロ
ナス科

● 生育場所
里山

● 間違えやすい野草・山菜
フキ・オオバギボウシ

錯乱して走り回ることからその名がついた

　猛毒植物が多く含まれるナス科の多年草。春先に新芽を出し、初夏にかけて生育、盛夏を迎える前に地上部は枯れてしまうスプリング・エフェメラルのひとつ。本州から九州にかけての山地に生え、湿り気のある谷筋などに群生する。全草に有毒アルカロイドを含み、間違えて食べると消化器症状やめまい、異常行動などの症状が発生する。中毒した人が錯乱して走り回ったことからその名がついたという。春先に地上に顔を出したばかりの新芽をフキノトウと間違えることがあり、注意が必要。

ホウチャクソウ
イヌサフラン科

● 生育場所
里山

● 間違えやすい野草・山菜
アマドコロ

他人の空似だがかなり間違いやすい

　林の中の開けた場所に群生する。有毒植物が多いイヌサフラン科に属しているが、芽出しの様子がアマドコロやナルコユリといったキジカクシ科の人気の山菜と良く似ており、誤食事故が頻発する。ホウチャクソウは茎が枝分かれするのに対し、アマドコロやナルコユリは枝分かれせずに伸長するという違いがあり、新芽を採る際は手で触って枝分かれの有無を確認するとよい。またホウチャクソウには食欲の湧かない臭気があり、さらに加熱しても消えない強い苦みがあるのでそれも判別材料となる。

有毒植物

春

春

有毒植物

春〜初夏

イヌサフラン
イヌサフラン科

● 生育場所
山地

● 間違えやすい野草・山菜
ギョウジャニンニク

ギョウジャニンニクとの間違いが多発

　ヨーロッパ原産の帰化植物で、日本へは明治時代に移入された。花が美しく園芸植物として好まれるが、全草にコルヒチンという物質を含み、誤食すると嘔吐、下痢ののち呼吸困難に陥り死に至る。若葉がギョウジャニンニクやギボウシ類と似ており、とくに山野に逸出した個体はギョウジャニンニクと見間違ってもおかしくない。実際に誤食による死亡事故が発生しており、ギョウジャニンニク採取の際にはニラ様の匂いがあることをしっかり確認したい。サフランと間違えた例もあるという。

春〜初夏

ドクニンジン
セリ科

● 生育場所
身近

● 間違えやすい野草・山菜
シャク・ノラニンジン

近年増殖中の猛毒外来植物

　地中海沿岸地方原産の帰化植物で、我が国では北海道を中心に定着している。古くから知られる猛毒植物で、古代ギリシャでは死刑の際に用いられ、かのソクラテスもその犠牲となった。シャクによく似ているが、こちらはニンジンのような芳香があるのに対しドクニンジンにはカビたような不快臭がある。またドクニンジンの茎の根元には「ソクラテスの血」と呼ばれる赤い斑点がある。

ヒレハリソウ
ムラサキ科

● 生育場所
身近

かつては健康食品として人気だったが……

　コンフリーの名で広く知られる。寒冷な地域を好み、本州のやや標高の高いところや北海道で多く見られる。ヨーロッパ原産で明治時代に持ち込まれ、昭和中頃に健康食品として脚光を浴びた。そのため現在でも民家の近くや畑の脇でよく見られる。

しかしこの草が持つ各種アルカロイドの中には肝毒性を持つものがあり、肝臓障害を引き起こすとして2004年に厚生労働省が食用にすることを避けるよう呼びかけ、さらにこれを用いた食品の販売を禁止した。現在では全く利用されていない。

有毒植物

春〜初夏

スイートピー
マメ科

● 生育場所
身近

● 間違えやすい野草・山菜
ハマエンドウ

古くから多くの被害をもたらしてきた毒の豆

　シチリア島原産のマメ科植物で、人気のある園芸種。属を同じくするハマエンドウや野菜のエンドウマメと似ており、一見すると美味しそうだが、アミノプロピオニトリルという強い毒を含み、食べ続けているとラチリスムという運動麻痺を発症し歩けなくなってしまう。毒性はさやと豆に多く、アフリカでは現在でもスイートピーによるラチリスムに悩まされる人が少なくないという。ハマエンドウの豆も長期間摂取するとリスクがあるといわれており、基本的にはつるを食べるものと考えるべき。

春〜夏

有毒植物

春〜夏

ドクゼリ
セリ科

● 生育場所
水辺

● 間違えやすい野草・山菜
セリ

「根元が肥大するセリ」は採ってはダメ

水辺に生える大型のセリ科植物で、冷涼な地域に行くと多くなる。日本三大有毒植物のひとつにカウントされており、シクトキシンなどの有毒成分を含み、数gの摂取で死に至る。若いときはセリにやや似ているが、ドクゼリのほうが大型で、小葉が細長く大きな切れ込みが入る。セリは茎を折ったときにパセリやミツバを切ったときのようなセリ科特有の芳香が立ち上るが、ドクゼリにはない。最大の違いはドクゼリにはタケノコ状の地下茎があることで、不安に思ったら根元をよく観察する。

春〜秋

アツミゲシ
ケシ科

● 生育場所
身近

見つかるとニュースになる「麻薬成分を含む」ケシ

空き地や庭先、道路脇に生えるケシの一種。花は一見すると園芸種のポピー（ヒナゲシ）にも似ているが、ヒナゲシの葉は大きく切れ込む形状なのに対し、アツミゲシはノコギリの葉のような鋸歯が並ぶ。また葉が茎を抱くようにつくのも大きな特徴。この特徴を持つケシ類は麻薬の一種であるアヘンの成分を含み、栽培や採取が違法となりうる。原産地は地中海沿岸で、日本では1960年代に愛知県で発見され、その後全国に広がった。見つけたら手を触れず警察に通報するのがよい。

イヌホオズキ
ナス科

● 生育場所
身近

有毒だが海外では食用にされることも

　ナス科の野草で、もっとも頻繁に見かけるもののひとつ。いくつかの亜種があり、判別は用意ではない。日当たりがよく肥沃な場所を好んで生えるため、畑や果樹園において厄介な雑草となっている。ナス科の野草のご多分に漏れず全草に有毒成分を含むが、その成分であるソラニンは水溶性のため、アフリカの一部ではこの草を野菜として用いるという。実際に食べてみたところ、やや硬めのホウレンソウのような味わいで悪くはなかった。葉の形が似るが棘のあるワルナスビは利用されない。

オシロイバナ
オシロイバナ科

● 生育場所
身近

子どものおもちゃとして有名だが、口にしないよう注意

　江戸時代に観賞用に移入された帰化植物。学校によく植えられているが、各地で野生化しているものを見かける。花が美しく、また種子が子どもの遊びに使われる。この種子を割って遊んだ経験がない人はきっと少ないだろう。しかし種子ならびに塊根にトリゴネリンという毒成分を含み、口にすると嘔吐や腹痛、下痢などの消化器症状に見舞われる。子どもたちがこれで遊ぶ際には、決して口にしないよう強く言っておく必要があるだろう。なお海外には塊根を食用とする品種もあるという。

有毒植物

春〜秋

春〜秋

タケニグサ
ケシ科

●生育場所
身近　里山

タケノコを煮るのに使ってはいけない

　空き地や造成地など土が露出しているところならどこでも見かける。草丈は1mを遥かに超え、独特の白っぽい見た目と巨大な葉で非常によく目立つ。日本原産で、海外では「チャンパギク」という名前で園芸種となっている。ケシの仲間で様々な種類の毒成分を含み、食べるのはもちろん、茎や葉をちぎったときに出てくる黄色い汁に触れただけでもかぶれてしまう人がいるので注意が必要。名前の由来は、竹を煮るときにこの葉を鍋の底に敷くと柔らかくなるためだといわれているが、真偽は不明。

ツタウルシ
ウルシ科

●生育場所
里山

うっかり触れてしまわないように注意

　山地の高木に絡みついて伸びるウルシの仲間。一般的なウルシの仲間は低木で羽状複葉になることが多いが、このツタウルシはつる性の木本で三出複葉でありまったく似ていない。そのためウルシの仲間と思わずつい触ってしまったり、山歩きの際ふと手をついた木に絡みついていたりして被害に遭う。ウルシ同様に毒成分ラッコールを含み、敏感な人は近くを通りがかっただけでもかぶれてしまうことがある。まれに他のつる植物、とくにツタやキヅタとともに壁面を這い登ることがあり注意が必要。

トリカブト類
キンポウゲ科

● 生育場所
里山

● 間違えやすい野草・山菜
ニリンソウ

有毒植物 / 春〜秋

殺人事件にも使われた有毒植物

　日本三大有毒植物のひとつで、これを用いた殺人事件が発生したことから高い知名度を持つ。ヤマトリカブト、オクトリカブトなどいくつかの種類があり、毒性の強さに差があるが、いずれも猛毒である。名前の由来となった兜型の花や、とくに毒性が強いといわれる肥大する地下茎が特徴的で、これらを確認すれば間違えることはない。アイヌはトリカブトで毒矢を作り、巨大なヒグマを狩った。

ハゼノキ
ウルシ科

● 生育場所
身近

春〜秋

毒性は弱いがウルシにかぶれる人は要注意

　各地の里山に生える小高木。原産地は東南アジアで、中世から近世にかけてわが国に持ち込まれたといわれる。良質な脂肪分を含み、蝋や石鹸の原料として盛んに栽培されたため、現在でも各地の里山でよく見かける。また秋の紅葉が美しいため庭木としても人気がある。しかしウルシの仲間であり、触るとかぶれることがある。わが国の里山にはハゼノキのほかヤマウルシ、ツタウルシ、ヤマハゼ、ヌルデなどといったウルシ科植物があり、似た特徴を多く持つのでまとめて注意しておくとよい。

有毒植物

春〜秋

ヤマウルシ
ウルシ科

● 生育場所
里山

● 間違えやすい野草・山菜
タラノキ・コシアブラ

芽出しはとても美味しそうなので注意

栽培種のウルシに対し、山野に自生するものをヤマウルシと呼んでいる。荒れ地や造成地を好むパイオニア植物で、とくに幼木は林道の脇でよく見かける。芽出しの様子がややタラノキに似ているが、棘がなく赤みが強いことで判別が可能。仮に採取した場合、しばらくして手や顔、触れたところが熱くなったように感じ、やがてアレルギーによる強烈なかゆみに襲われる。敏感な人なら木のそばを通りがかっただけでアレルギーを発症してしまうこともある。紅葉はとても美しい。

ヨウシュヤマゴボウ
ヤマゴボウ科

● 生育場所
身近　里山

● 間違えやすい野草・山菜
野生ブドウ類・アザミ

子どものおもちゃには危険すぎる有毒植物の代表格

空き地や造成地、里山など人の手の入ったところに生える帰化植物。初夏から秋にかけて草丈1m以上に成長し、ブドウ型の果実をつける。子どもの頃にこの果実で色水を作って遊んだ人も多いのではないかと思うが、全草に毒性のアルカロイドやサポニンを含んでおり中毒すると死に至る可能性もある危険な植物。ブドウの仲間と思い込んで食べたり、名前につられて根を掘って食べると深刻な事故につながる。毒成分は水溶性のため、アメリカでは茹でこぼして毒抜きし、食用にされることもある。

ツツジ類
ツツジ科

●生育場所
身近　山地

有毒植物

初夏〜秋

蜜を吸うのはあまりおすすめできない

　植え込みや庭木として親しまれるツツジの仲間だが、全草にグラヤノトキシンという毒を含み、大量に摂取すると嘔吐や下痢などの消化管の異常、血圧や心拍数の低下、呼吸困難などを引き起こす。筆者はかつてこの毒成分により、新宿駅構内で立ち上がれなくなったことがある。シャクナゲやレンゲツツジ、アセビなどはとくにグラヤノトキシン含有量が多いとされ、これらの蜜を吸うのは危険。植木のツツジは毒性は弱いが、蜜を大量に吸ったり、花や葉を食べたりすると中毒する可能性がある。

イチイ
イチイ科

●生育場所
身近　里山

秋

子どものおやつとして人気だが、種を噛んではいけない

　全国の山野で見られるほか、庭木としても一般的な針葉樹。秋になると赤い実がなるが、イチイは裸子植物であり、赤い部分は果肉ではなく仮種皮である。この仮種皮を食べると甘くトロッとしており、とくに北海道では「オンコの実」と呼ばれて子どものおやつとして親しまれている。しかし仮種皮の内側にある種子にはタキシンという心臓毒を含み、間違って種を噛み潰してしまうと心臓麻痺や痙攣を引き起こす。子どもは体が小さく、毒への耐性も低いので注意が必要だ。

有毒植物

オオツヅラフジ
ツヅラフジ科

● 生育場所
身近　里山

● 間違えやすい野草・山菜
野生ブドウ類

ブドウそっくりだが食べてはいけない

　関東地方以南に分布し、河川敷や里山、ときに庭先などにも生えるツヅラフジ科のつる性木本。林縁や庭のフェンスなど日当たりのよい場所を好む。成長した株の葉のシルエットや、秋につける果実はブドウの仲間によく似ており、同じような場所に生えることもあってついつい手が伸びる。しかしブドウとは縁遠い植物で、数種類の有毒アルカロイドを含み、摂取すると心臓麻痺などの重篤な症状に陥る。果肉はわずかな甘みがあり、誤食してもそれと気付かない可能性があるので気をつけたい。

秋

シキミ
マツブサ科

● 生育場所
里山

八角と間違えないよう注意

　本州以南の山野に分布する小高木で「抹香臭い」の語源となったマッコウという通名もある。独特の強い香りがあり、葬儀の際に遺体とともに焼くことで死臭を消すのに用いられた。そのため人里近くに植えられており、見かけることも多い。その果実は中華料理の香辛料として知られる八角（スターアニス、和名はトウシキミ）に非常によく似ており、誤食事故が起きたことがある。シキミに含まれるアニサチンは植物毒の中でも屈指の毒性の強さがあり、摂取すると死亡する可能性がある。

秋

トキワサンザシ類
バラ科

● 生育場所
身近

鳥のごちそうだけど種子と未熟果に毒あり

　バラ科の落葉低木で、一般的にはピラカンサと呼ばれている。果実が赤く熟するトキワサンザシやオレンジ色の果実がなるタチバナモドキなど数種類あるが、いずれも帰化植物。大量の果実をたわわにならせる様子が美しいため庭木として人気があるが、バラ科のいくつかの植物同様、未熟果ならびに種子に毒成分を含むといわれ、美味しそうに見えても口にしてはいけない。またピラカンサ自体、侵略的外来種として問題視されており、どうしてもという場合を除き植えるべきではないかもしれない。

ヒヨドリジョウゴ
ナス科

● 生育場所
里山

● 間違えやすい野草・山菜
クコ

ナス科の野草はほとんどが有毒

　明るい林縁に多く、また廃屋の庭先によく茂っているのを見かける。ナス科植物で全体が微毛で覆われているのが判別ポイント。秋に光沢のある赤い果実をつけ、これが同じナス科のクコと間違われることがある。植物としては相違点が多く、クコは低木であるのに対しヒヨドリジョウゴは草本のつる植物、さらにクコの果実は卵型で1本の果柄に1つの実がつくが、ヒヨドリジョウゴは球型で果柄は枝分かれする。他のナス科植物と同じように、全草にソラニンを含み食べるとさまざまな症状が出る。

有毒植物

秋〜春

ケマン類
ケシ科

● 生育場所
身近　里山

● 間違えやすい野草・山菜
シャク・セリ

花のない時期に間違えやすい

　毒草が多いケシ科に属する野草で、畑の畔など日当たりの良い場所に生える。花の色が紫色のムラサキケマンと黄色のキケマンがあり、若い時期の葉はシャクやセリなど人気の山菜に似ている。花の形が大変独特なので開花期には間違えないが、花の

ない時期に間違えないよう注意が必要。プロトピンという毒成分を含み、不用意に触るとかぶれるほか、摂取すると呼吸麻痺や心臓麻痺を引き起こす。

スイセン
ヒガンバナ科

● 生育場所
身近

● 間違えやすい野草・山菜
ニラ・アサツキ

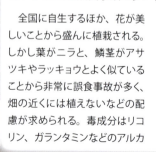

冬〜春

日本でもっとも誤食事故の多い有毒植物

　全国に自生するほか、花が美しいことから盛んに植栽される。しかし葉がニラと、鱗茎がアサツキやラッキョウとよく似ていることから非常に誤食事故が多く、畑の近くには植えないなどの配慮が求められる。毒成分はリコリン、ガランタミンなどのアルカロイドならびにシュウ酸カルシウムで近縁のヒガンバナと同様だが、こちらのほうが有毒成分含有量が多い。摂取すると口から喉にかけてシュウ酸カルシウムによる激痛に襲われ、ついで激しい吐き気に襲われる。まれに死亡例もある。

フクジュソウ
キンポウゲ科

● 生育場所
里山

● 間違えやすい野草・山菜
シャク・フキ

めでたい植物だが、食用は厳禁

　毒草の多いキンポウゲ科の多年草で、九州以北の里山や山地に生える。早春、ときに雪に埋もれながら花を咲かせることからめでたい植物とされ、元日草と呼ばれることもある。花が可愛らしいことから鉢植えにされたり庭に植えられたりするが、芽出しがフキノトウに似ているため、誤食事故が起こることがある。また葉はシャクやノラニンジンなどのセリ科山菜にやや似ており、花がない時期に間違える可能性がある。フキノトウやシャクと異なり、フクジュソウには爽やかな香りがない。

キツネノボタン
キンポウゲ科

● 生育場所
身近

● 間違えやすい野草・山菜
セリ・ミツバ

水辺の山菜を採取する際は要注意

　トリカブトなどの猛毒草を含むキンポウゲ科の越年草。九州以北の田の畔や水辺など、日当たりがよく湿り気がある場所に生える。黄色い花は独特でわかりやすいが、花のない時期はセリやミツバによく似ている。これらの山菜と同じような場所に生えており、しばしば混生するため、採取する際には1本ずつしっかり確認するのが鉄則。キツネノボタンは全草に刺激性のアルカロイドであるプロトアネモニンを含み、触るとかぶれるほか、食べると粘膜がただれて嘔吐や血便など消化器に症状が出る。

有毒植物

アジサイ類
アジサイ科

● 生育場所
身近

● 間違えやすい野草・山菜
シソ

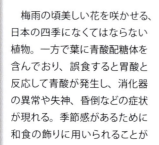

料理の飾りに用いるべきではない

　梅雨の頃美しい花を咲かせる、日本の四季になくてはならない植物。一方で葉に青酸配糖体を含んでおり、誤食すると胃酸と反応して青酸が発生し、消化器の異常や失神、昏倒などの症状が現れる。季節感があるために和食の飾りに用いられることがあるが、危険なのでやるべきではない。また葉の形状がシソに似ていることから、飾りに使われた葉を誤って食べて中毒を起こした例がある。アジサイの仲間には毒を持つものが多く、そのひとつであるアマチャも摂取しすぎると消化器症状が出る。

キョウチクトウ
キョウチクトウ科

● 生育場所
身近

もっとも身近な猛毒植物

　インド原産で日本へは江戸時代に伝来した。乾燥や高温に強く、過酷な環境にも適応するため、街路樹や道路脇の緑化ゾーンに盛んに植えられる。野生化個体も見られる。その一方で世界にその名を知られる猛毒植物で、強心配糖体を含み誤食すると死に至ることがある。経口摂取だけでなく、これを燃やした際に出た煙を吸うだけでも中毒症状が現れる。学校の敷地に植えられたものを児童が食べて中毒するといった事故も起きており、あまり気軽に植えるべきではない植物といえるかもしれない。

クワズイモ
サトイモ科

● 生育場所
里山　水辺

毒性が強すぎるゆえに「食わず芋」

　有毒植物の多いサトイモ科の多年草で、南日本に多く自生し、また観葉植物として植えられる。栽培サトイモと比べると大きく光沢のある葉をつけ、株の付け根に長く大きな塊茎ができる。塊茎の断面はサトイモやタロイモに似ているが、高濃度のシュウ酸カルシウムを含み、口にすると激痛に襲われる。無理に飲み込むと呼吸困難に陥ることもあり、毒抜きも難しいので食べることはできない。太平洋戦争中、南方に出征した日本軍の兵士がサトイモと間違えてこれを食べ、中毒に苦しんだという。

シチヘンゲ
クマツヅラ科

● 生育場所
身近

あまり植えてほしくない「侵略的外来種の毒草」

　学名でもあるランタナの名前で広く流通している園芸植物。小さなアジサイのような花を咲かせ、その色が次第に変化していくことからこの和名がついた。種子にランタニンという毒成分を含み、誤食すると嘔吐や腹痛などの軽い消化器症状が出る。南米原産だが世界中に帰化しており、日本でも気候の温暖化に伴って野生化した個体が目立つようになっている。侵略的外来種として「生態系被害防止外来種リスト」にも記載されており、庭に植える場合は逸出しないよう注意しなくてはならない。

有毒植物

スズラン
キジカクシ科

● 生育場所
里山

● 間違えやすい野草・山菜
ギョウジャニンニク

園芸植物として大人気だが死亡例もある猛毒草

釣鐘状の可愛らしい花を咲かせることから世界中で人気があり、栽培も盛んに行われている。北海道の植物というイメージが強いが、本州や九州でも自生が見られる。ただし自生種は栽培種と比べて花の数が少なく地味な印象を受ける。可憐な見た目に似合わず強い毒を持ち、誤食すると頭痛や心臓麻痺を起こし、心不全で死に至ることもある。スズランを生けていた花瓶の水で中毒事故が起こった例もあるという。若い葉がギョウジャニンニクと似ているが、ニンニク様の香りはない。

周年

ソテツ
ソテツ科

● 生育場所
身近

犬の拾い食いに要注意

暖かい地域の海岸近くに自生し、街路樹や庭木としても馴染みがある。しかしサイカシンという毒成分を含み、口にすると嘔吐や下痢などの消化器症状、呼吸困難などを引き起こし時に死に至る。種子や幹にデンプンを貯めるので、南西諸島では飢饉の際に毒抜きして食用とされたが、毒抜きに失敗して命を落とす例も少なくなかったといわれる。落ちた種子を散歩中の犬が口にして死亡した例がある。

周年

チューリップ
ユリ科

● 生育場所
身近

「チューリップ皮膚病」に注意

　知らない人はいないチューリップだが、毒を持つことは意外と知られていない。全体にツリピンという毒成分を含み、鱗茎にはとくに多い。チューリップを触ったあとで皮膚病が出ることが園芸家の間では知られており「チューリップフィンガー」と呼ばれている。また誤って口にすると嘔吐や発汗、呼吸困難などの症状が出る。犬の誤食事故も多く報告されており、とくに鱗茎を口にすると命に関わるので、拾い食いをさせないように注意してほしい。食用に改良されたチューリップも存在する。

チョウセンアサガオ類
ナス科

● 生育場所
身近

麻薬として濫用されることもある猛毒

　猛毒種が多いナス科植物に属し、日本には江戸時代にもたらされた。木本となるキダチチョウセンアサガオ類と草本であるチョウセンアサガオ類があり、それぞれ属が違うが、いずれも花のきれいさから園芸植物として人気がある。しかしいずれもヒヨスチアミンなどの猛毒アルカロイドを含み、摂取すると昏睡、精神錯乱を起こし、死に至ることもある。麻薬効果を期待した濫用が行われ、事故につながっている。キダチチョウセンアサガオは野外に逸出して外来種問題を引き起こしている。

有毒植物

周年

周年

ナニワズ
ジンチョウゲ科

● 生育場所
里山

トド狩りに使われた北の大地の有毒植物

　北日本に多いジンチョウゲの仲間の木本で、春先にジンチョウゲと形状のよく似た、黄色くて小さな花を咲かせる。日が差し込む林床に点々と生え、夏になり林床に日が差さなくなると葉を落とし赤い果実をつける。北海道においては代表的な有毒植物で、特定の山菜に似ているというわけではないが警戒される。汁に強い炎症作用を持ち、摂取すると消化器がただれたり、皮膚炎になることもある。かつてはアイヌがこの植物の毒をトド狩りに用いたといい、巨大なトドも一撃で倒せたといわれる。

ヒガンバナ
ヒガンバナ科

● 生育場所
身近

● 間違えやすい野草・山菜
ノビル、アサツキ

よく知られた有毒植物で救荒植物

　人里近くに植えられ、野生化して群生している。とくに田畑の畔や河川敷の土手には多く、秋の開花時には観光資源となることもしばしば。古くからよく知られた有毒植物であり、モグラなどの害獣の侵入を防ぐために畔に植えられたといわれている。毒成分はスイセンと同じリコリンやガランタミンなどのアルカロイド、そしてシュウ酸カルシウムだが、水さらしと加熱で無毒化することができるため、飢饉の際は鱗茎を掘り、すりおろして数回水にさらし、デンプンを取り出して食用にした。

野生サトイモ類
サトイモ科

● 生育場所
里山 　水辺

有毒植物

周年

見た目は一緒だが有毒で食べるのは困難

　各地の水辺、海辺で見かける野生のサトイモ。日本列島が温暖であった時期に南方から栽培作物として移入され、野生化したものであると考えられている。見た目は栽培サトイモとほぼ変わらず、肥大した塊茎はとても美味しそうに見える。しかし実際はシュウ酸カルシウムを大量に含み、食べると口や消化管がただれてひどい目に合う。葉柄を食べることもできない。ただし中にはシュウ酸カルシウム含有量が少ない個体群があり、長期間貯蔵して毒抜きをしたうえで食用とされているものもある。

ヤツデ
ウコギ科

● 生育場所
身近

● 間違えやすい野草・山菜
ハリギリ

周年

ウコギ科には珍しい毒草

　大きな手のひら型の葉が目立つ低木で、暖地の里山に自生するほか庭木としても非常にメジャー。ウドやタラノメなど美味しい山菜を数多く含むウコギ科にありながら、ヤツデサポニンという毒成分を持ち、食べると粘膜に炎症を起こし血便などの症状が出る。かつてはこの成分を魚を採るのに利用したという。サポニンは少量であれば薬用成分となり、ヤツデも生薬として用いられることがあった。芽出しの様子が同じウコギ科のハリギリに似ていなくもないので、採取の際には気をつけたい。

きのこ編

□ 図鑑を活用するための基礎知識

きのことは? ・・・・・・・・・・・・・・・ P192
きのこの特徴 ・・・・・・・・・・・・・・・ P195
きのこの生態 ・・・・・・・・・・・・・・・ P198
きのこの食べ方 ・・・・・・・・・・・・・・ P202

□ きのこ図鑑 ・・・・・・・・・・・・・・・・・ P204
□ 絶対に手を出してはいけない「毒きのこ」・・・ P304

※初めてきのこを採取するときは、野生きのこに詳しい人と同行することをおすすめします。

はじめに

　本書『野草・山菜・きのこ図鑑』の「きのこ編」は、食用きのこの魅力と安全な楽しみ方を広めるために執筆した。紹介する100種の食用きのこは、筆者が実際に採取・試食して、美味しかったものや印象的だったものを中心に選定。マニアックなきのこも多く、その多様性と魅力を感じていただけるだろう。また、中毒事故防止のため、とくに注意が必要な毒きのこを十数種ほど紹介。さらに、きのこ狩りに役立つ植生や樹木の情報も掲載している。

　自然豊かな環境で生まれ育った私。幼少期から森で遊びながらきのこ観察を楽しんできた。あるとき、天然のクリタケを試食。その美味しさに感動し、きのこ狩りと料理に没頭するようになった。それから数年後、きのこの魅力をより多くの人に知ってもらうべく動画投稿を開始。現在では登録者3.6万人超えのYoutuberとして活動している。本書を通じて、読者が安全に、そして楽しくきのこを堪能されることを願っている。

　　　　　　　　　　　　　　　　　　　　HS

図鑑を活用するための基礎知識《1》
きのこ とは?

1万年以上前から人が食用としてきたと伝えられるきのこ。
人ときのこの関係はそれほど長い。
ここで、意外と知られていないきのこの正体を紹介しよう。

きのこは、菌類の仲間

「きのこ」とは一体何なのかと考えたことはあるだろうか。スーパーで野菜と一緒に並べられているので、植物に近いものだと思っている人も少なくない。しかし、きのこは植物とはまったく別の生物だ。

きのこは菌類、カビなどに近い仲間である。正確には担子菌類と子嚢菌類の一部を指す。分類学的には、実は植物より動物の方が近い関係にある生物なのだ。実際、植物は生存に必要となる栄養分を葉緑体による光合成で賄うことができるが、菌類は動物と同じく体外から供給しなければならない。

きのこについてさらに詳しく説明しよう。私たちが「きのこ」と呼ぶものは、専門的な言葉でいうと「子実体」である。これは植物で例える

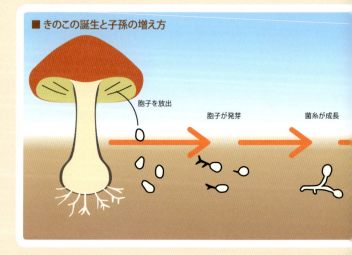

■ きのこの誕生と子孫の増え方

胞子を放出 → 胞子が発芽 → 菌糸が成長

と「花」にあたる器官だ。子実体は菌類において、繁殖のための生殖器官として発達する。簡単に言うと、胞子（子孫）を作って遠くに飛ばすための道具である。

ではきのこの本体とは何なのか？　答えは「菌糸」である。菌糸とは細胞同士が集まって糸状の構造となったもの。そう、あの白いフワフワとした糸くずのようなものがきのこの本体なのだ。胞子が発芽すると菌糸になり、それが徐々に広がって菌糸の塊になる。これを菌糸体と呼ぶ。いわゆるきのこの「シロ」だ（きのこ狩りをする人たちの間では、きのこが生える場所をシロと呼ぶ）。

時期が来るとそこに原基ができて、子実体が形成されるという仕組みだ。子実体の発生には気温や湿度などさまざまな環境要因が関係し、きのこの種類によってそのタイミングは異なる。秋に採れるマツタケやマイタケ、春にも生えるシイタケ、真冬のエノキタケ、一年中みられるキクラゲなど、実にさまざまだ。

きのこは胞子を作り新しい子孫を増やすだけでなく、その菌糸自体が無限大に伸び続け、その生息範囲を拡大していく。菌糸はどれだけ伸びても元の細胞と同じ遺伝子を持っている。いわばクローンが大量に生まれているといった状況だ。ちなみに、世界最大の生物はきのこである。

1998年、アメリカのオレゴン州の各所で見つかったオニナラタケ

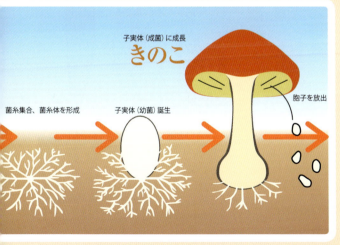

図：ヤクルト本社発行「ヘルシスト（https://healthist.net/）」263号／暮らしの科学をもとに作成

は、すべて同じ遺伝子を持っていることが判明した。つまり、ある1株のオニナラタケの菌糸が広大な森の中にはびこっているというわけだ。その規格外な大きさは約9.65 ㎢、重量は最大35,000 tという、もはや一生物とは思えない大きさだ。これは東京ドーム約600個分に相当する。

また、きのこは生態系における役割も大きい。例えば、リグニンは木材の20〜30％を占める高分子化合物だが、天然の中ではもっとも分解されにくい物質のひとつだという。自然界でこれを分解できるのはナメコやヒラタケといった腐生菌（木材腐朽菌）と呼ばれるきのこの仲間だけ。きのこがいないと森は死んだ木で埋め尽くされてしまうのだ。

また、分解が進んだ木材はさらに時間をかけて栄養豊富な土へと生まれ変わる。この土が木々や草花を育み、豊かな自然を守っている。他にも有害物質の浄化に役立っているなど、皆知らず知らずのうちにきのこのお世話になっているのだ。

きのこは植物でも動物でもない「菌類」であり、そして単なる美味しい食材ではなく地球の生態系を支えてくれている重要な存在である。

胞子ができるところ

きのこは担子菌門と子嚢菌門の2つに分類される。担子菌類は、菌糸が変形した担子器と呼ばれる細胞を持ち、上部の突起の先に担子胞子を作る。胞子はひだや管孔などにできる。シイタケやキクラゲなど身近なきのこ全般が担子菌だ。一方の子嚢菌は、菌糸が変形した子嚢と呼ばれる細胞を持つ。子嚢は「嚢」と書くように袋状の構造で、この内部で胞子が作られる。代表例はアミガサタケ。

■ 担子菌門のきのこと子嚢菌門のきのこ

［担子菌門］　［子嚢菌門］

子嚢菌門のアミガサタケ断面。内部は空洞である。子嚢は網状になった頭部表面のくぼんだ部分にある。

図鑑を活用するための基礎知識《2》
きのこの特徴

同じ菌類でも、カビときのこは見た目もまったく違う。きのこも形がさまざまだ。
図鑑を活用してきのこの種類を見分けるために、
きのこの体のつくりを知っておこう。

きのこの構造

　きのこを同定するうえで子実体の観察は欠かせない。何千、何万種とあるきのこから種名を特定するには些細な見た目の違いを見逃さないことが大切だ。子実体の構造を知ると容易に特徴をつかめるようになるだろう。例として、ハラタケ目（シイタケやナメコなど一般的によく知られているタイプ）の子実体の構造を紹介する。

　ハラタケ目の子実体は、基本的に傘・ひだ・柄で構成されている。傘はきのこ上部にあり、典型的に

■ きのこの構造（ハラタケ目の場合）と、各部位の特徴

傘
きのこのシンボルともいえるが、傘をもたない種もある。形もさまざま。成長段階によっても形が変わる。

つば
ひだや管孔を保護していた内被膜が、きのこが成長するにつれ破れ、柄に付着して残ったもの。

つぼ
袋状になっている根元の部位。幼菌の頃、全体を覆っていた外皮膜が残ったもの。これがないきのこもある。

菌糸体
土や樹木、落ち葉の中に拡がり、栄養や水を得ている。

いぼ
幼菌だった頃、全体を覆っていた外皮膜が残ったもの。

ひだ
傘の裏面にあり、多くは放射状に並んでいる。ひだの表面で胞子が形成されるが、ひだがなく、管孔や針で形成されるきのこもある。

柄
傘の下についている円筒状の部位。中はきのこの種類によって、管状のもの、柔らかい髄があるもの、菌糸が詰まっているものがある。柄がないきのこもある。

イラスト：mariaflaya

は円形で成熟に伴い広がる。表面は色の違いだけでなく、粘性を有するものや鱗片があるもの、それからいぼを持つものも存在する。

ひだは傘の裏側に並ぶ薄い板状の構造。真っすぐなもの、分岐するもの、それからシワ状となるものもある。また、ひだが柄にどのようについているのかも種によってさまざまだ。

柄は傘を支える柱状の構造で、中実なものと中空のものがある。表面の色や模様、質感も異なる。

また、種によっては柄の中間部につばが、基部につぼや菌糸体が確認できる。つばは幼菌時に傘を覆っていた膜の名残であり、リング状のものや垂れ下がるものがある。つぼは幼菌全体を包んでいた膜が破れて残る袋状の構造で、主にテングタケ科の子実体に見られる。

ここではハラタケ目の一部に共通する特徴を挙げたが、他のグループの子実体は別の構造を持つ場合もある。まずは実際にきのこを観察してみてはいかがだろうか。

■ 傘の裏側

ひだ
ハタケシメジ

管孔
セイタカイグチ

針
ブナハリタケ

キクラゲ、子嚢菌のアミガサタケ、腹菌類のスッポンタケなど、また別の構造をもっているきのこもある。

■ 柄とひだ・管孔の付き方

直生（ちょくせい）

ひだが柄に対して直角に付く。

ショウゲンジ、ナメコ、ムキタケをはじめ、チチタケ属や、ヌメリイグチ属など多くの種に見られる。

上生（じょうせい）

ひだが柄の上端に付く。

アカヤマドリ、ヤマイグチなどイグチ科のきのこに多い。ただし上生～離生といったように、中間的な付き方の種も多く存在する。

垂生（すいせい）

ひだが柄に対し下向きのカーブを描くように付く。

ヌメリガサ科、ヒラタケ科、それからアンズタケ科など。もっともわかりやすいのはオウギタケやクギタケ。

離生（りせい）

ひだが柄と離れて付く。大きく離れているものは「隔生（かくせい）」とよばれる。

タマゴタケなどのテングタケ科が代表例だ。本書には登場しないがウラベニガサ科のきのこも離生する。

湾生（わんせい）

ひだが柄の上端でS字状にカーブしている。

シモフリシメジやハエトリシメジ、マツタケモドキなどキシメジ科のきのこは湾生するものが多い。

写真：幸徳伸也

図鑑を活用するための基礎知識《3》

きのこの生態

菌類であるきのこは、
どのようにして生命を営んでいるのだろう?
栄養分の摂り方と、生育する環境について押さえておこう。

栄養分の摂り方

きのこは栄養の摂り方によって、「腐生菌」「菌根菌」「寄生菌」の3つに分けることができる。

腐生菌は有機物を分解することを生業としている。枯れた植物や落葉、倒木、動物の糞などを分解するために酵素を分泌し、その際に生じる糖などを吸収してエネルギー源にしているのだ。培地で栽培できる種が多く、シイタケやエノキタケなど市販のきのこのほぼすべてが腐生菌に該当する。

一方、菌根菌は特定の植物と共生関係を結ぶことで栄養を得る。生きている植物の根と菌糸が結びついて栄養のやり取りをしているのだ。菌根菌は植物が光合成で作り出した糖類を受け取り、代わりにリンなどのミネラルを供給している。実際、菌根菌と共生している植物とそうでない植物とでは、成長に顕著な違いがあるという。

寄生菌は、文字どおり他の生物に寄生する菌類だ。一般的にナラタケ類は腐生菌に分類されるが、実は生きている樹木に対する病原性が強いという特性を持ち、弱った樹木に菌糸を侵入させ枯死させることがある。また、きのこでありながら同じきのこ類に寄生する種も存在する。オウギタケはアミタケに、ハナビラニカワタケはキウロコタケに寄生している。

このように、きのこと植物は密接な関係がある。菌根菌は宿主の樹木なしでは生きられないし、腐生菌も大半の種は枯れた植物が栄養源だ。このように、切っても切れない関係で結ばれているきのこと植物だが、実は相性の良し悪しがある。菌根菌のハナイグチはカラマツとしか共生しないし、木材腐朽菌であるシイタケも、ブナ科の樹木以外にははまず生えない。

こうした樹木・植生を知れば、きのこ探しや同定がはかどるに違いない。次ページからは、きのこがよく生える植生や重要な樹木などをご紹介しよう。

■ きのこが育つおもな場所

シイ・カシ林 典型的な照葉樹林。常緑樹であるため林内は1年中暗い。

ブナ・ミズナラ林 夏緑樹林。ブナ主体の林に所々ミズナラの大木が混じる。

ミズナラ・シラカバ林 若い木で構成される。林内は明るく風通しもよい。高原など。

モミ・ツガ林 亜高山帯の針葉樹林。林内は薄暗く倒木や岩が苔むしている。

アカマツ・コナラ林 里山の典型林で若い木が多い。近年では放置されて荒れがち。

ヤナギ・ハンノキ林 河川敷や沢沿い、湿地帯など。枯木に生えるきのこがメイン。

カラマツ林 寒冷地に分布するマツ林。ヌメリイグチ系のきのこばかり。

竹林 孟宗竹や淡竹、真竹など。林内が暗くジメジメとしている。

スギ・ヒノキ林 戦後、大量に植林された。暗く、きのこはあまり生えない。

雑木林 クヌギ・コナラを主とする広葉樹林。暖地の里山に多い。

人里の近く 庭や空き地、公園など身近な場所でもきのこは生えている。

■ きのこが育つ樹木の例

コナラ
典型的なナラ。多くのきのこと菌根を結ぶ上に、材はシイタケなどと相性抜群。

ミズナラ
寒冷地のナラ。葉や堅果がコナラより大きい。数々の菌根性きのこを生やす。

ブナ
樹皮に大きなひび割れがなくなめらか。毒菌ツキヨタケが生えるので注意。

アカマツ
本州の里山に分布。樹皮が赤みを帯びている。高級茸マツタケの宿主だ。

カラマツ
日本で唯一落葉する針葉樹。他のマツ類より葉が淡い色で、とても柔らかい。

モミ類
寒冷地の針葉樹。多数の菌根菌が生える。北海道のトドマツもモミ属の樹木だ。

シラカバ
樹皮が真っ白。カバノアナタケやヤマイグチなど独自性の高いきのこが多い。

図鑑を活用するための基礎知識《4》
きのこの食べ方

この本の図鑑では、きのこごとに最適な食べ方を紹介している。
きのこ採取の感動は、美味しく食べてこそ完結する。
誰でも失敗なくきのこの旨みを堪能するための方法を紹介しておこう。

きのこは生食厳禁の食材

まず大前提として、きのこは基本的に要加熱の食材である。これは野生種に限ったことではなく、シイタケやエノキタケなど市販されているきのこにも言えることだ。たとえ食用扱いのきのこであっても、加熱が不十分だと中毒する恐れがある。市販・野生を問わず、きのこを食べる際は十分に加熱することを心がけよう。

下のコーナーで、筆者が実際に作って味わった天然きのこ料理を写真とともにいくつか紹介しよう。

■ きのこの旨みを引き出せ！

牛肉とブナハリタケの炒め物。吸水性が高く肉汁をたっぷり吸って、たいへん美味しかった。

8種類の天然きのこの雲南風無水鍋。きのこと鶏白湯の旨みが濃縮され、驚くほど旨かった。

アカジコウの天ぷら。柄が緻密で食感がとてもよく、甘みと強い旨みが口に広がった。

アミガサタケと春の野草のクリーム煮。乳脂肪分と合わせると特有の芳香が引き立つ。

アミタケのレバ刺し風。おろしニンニクと胡麻油に塩を少々加える。病みつきになる旨さ。

ウスヒラタケとオウギタケの炊き込みご飯。何杯でもおかわりできる。おにぎりも旨い。

オオムラサキアンズタケとサツマイモの甘露煮。プルプル感と芋の優しい甘みが意外と合う。

ササクレヒトヨタケのトースト。歯切れのよい柄とフワフワの傘を分けて違いを楽しんだ。

天然きのこのお吸い物。サンゴハリタケモドキはふわモチ。柔らかくてまるでお麩のよう。

トキイロラッパタケとベニウスタケのペペロンチーノ。見た目もよく文句なしのできばえ。

ヌメリイグチのおろしあえ。ぬめり系とおろしはとにかく相性がよい。ツルッと平らげた。

ヤマドリタケモドキの炒飯。焦がし醤油の香りとともに、ポルチーニの芳香が感じられる。

きのこ / 春

肉詰めにして食感・香りを堪能

ブラックモレルは生でも香りが強い。大きなものは肉詰めが最高だ。パスタやリゾット、シチューにも相性抜群。独特な食感と香りがクセになる。

腐生菌

アミガサタケ（黒色タイプ）
子嚢菌門・チャワンタケ目アミガサタケ科

生食厳禁

春に採れる、ヨーロッパで人気のブラックモレル

冬は大雪で家にこもりがちになり、きのこ不足に苦しむ。長い冬が終われば待ちに待った春。アミガサタケの季節だ。一般的なきのこと違いひだはなく、肉が薄くマカロニのように空洞になっている。名前のとおり傘は網目状で少々グロテスクな見た目だ。日本では馴染みのない存在だが、欧米ではトリュフやポルチーニと並んでたいへん人気のきのこだ。独特な芳香があり、英語圏では「モレル」と呼ばれる。アミガサタケ類は、ざっくりと「焦茶」と「黄」の2つに分かれる。焦茶タイプはブラックモレルと呼ばれ、発生時期がやや早い。トガリアミガサタケなど。

● 採れる場所
| イチョウ樹下 | バラ科の植物の周辺 |
| 焼け跡 | モミ林 |

● 大きさ　傘の直径：3〜6cm（頭部）
　　　　　高さ：6〜17cm（子実体）

● 頭部の付き方　直生

菌根菌？ 腐生菌？
アミガサタケは特定の植物の近くに生えることが多いため、菌根菌だと考えられていた。しかし近年では特殊な腐生菌である可能性が高いとされている。黒アミガサは栽培可能で、乾燥品が購入できる。

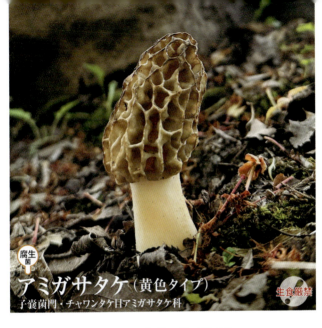

腐生菌

アミガサタケ（黄色タイプ）
子嚢菌門・チャワンタケ目アミガサタケ科

生食厳禁

きのこ

春

乾燥させて戻し汁を活用

イエローは生では香りが薄いため乾燥品がおすすめ。戻し汁を活用したクリームパスタやリゾットで、香りと旨みを余すことなく堪能できる。

一度は食べてみて！その食感に驚くだろう

　ブラックモレルの発生が落ち着いてきた頃、今度は黄色型：イエローがわんさか生え始める。はじめ網目の窪みはやや黒いが、徐々に傘全体が均一な色になる。成菌の網目はブラックよりも広い。無印のアミガサタケや変種のチャアミガサタケ、マルアミガサタケなどが代表例だ。種によっては束生するものもある。

　アミガサタケ類はなぜかサクラとイチョウの木の近くに生える傾向にある。また、アルカリ性土壌を好むため、山火事跡によく生える。やや弾力があって、鶏皮のようなユニークな食感が楽しめるきのこだ。

● 採れる場所
 イチョウ樹下 　バラ科の植物の周辺
 ウドの周辺

● 大きさ　傘の直径:3~10cm(頭部)
　　　　　高さ:5~20cm(子実体)

● 頭部の付き方　直生

山菜採りでアミガサ発見!?
筆者は「日本のアミガサタケはバラ科とイチョウの下にばかり生える」と勝手に思っていたが、なんとウドの周囲に黄色のアミガサタケが生えるというのだ。山菜採りついでにアミガサ、うらやましい。

205

きのこ

春〜秋

腐生菌

ウスヒラタケ
担子菌門・ハラタケ目ヒラタケ科

何にでも使える。食感を楽しめる

味は穏和で、コリコリとした食感がクセになる。炊き込みご飯や卵スープ、味噌汁、けんちん汁など、何にでも合わせられる。

春と秋に生える薄っぺらいヒラタケ

名前のとおり、本家のヒラタケを薄く平らにしたような見た目のきのこ。傘は灰色〜白色で、老成すると黄色みを帯びる。ヒラタケ同様、柄は傘の片側に寄る。日陰のものは柄が長く全体が真っ白で、日当たりのよい場所のものはやや濃い灰色で大きく成長する傾向がある。おもに春と早秋に発生するが、条件が揃えば真夏や晩秋でも生える。日持ちせず虫が湧きやすい。ヒラタケより肉薄だが、その分、味にクセが少なく、ヒラタケよりも食べやすいといえる。おもに広葉樹の枯木に発生。ブナやナラなど以外にも、庭のムクゲやタラノキから生えることもある。

● 採れる場所
枯木 広葉樹

● 大きさ 傘の直径：2〜8cm
高さ：0.5〜1.5cm

● ひだの付き方 **垂生**

きのこも病気になる
以前採ったウスヒラタケのひだに無数の小さなコブがあった。これはキノコバエが媒介する線虫が寄生してできるもので、「ヒラタケ白コブ病」と呼ぶ。食べても問題ないが見た目が気持ち悪い。

腐生菌

ツブエノシメジ
担子菌門・ハラタケ目キシメジ科

きのこ / 春〜秋 / においに拮抗するこってり系で

特有の臭気を掻き消すような濃い味つけの料理に合う。ビーフシチューや欧風カレー、トマト煮などがよいだろう。

柄の粒模様が特徴。匂いが微妙なシメジの一種

筆者の家の近くには、道路脇に落葉や伐採された枝葉を集めて溜めておく場所がある。数年前の春、たまたまそこを通りかかったところ、何やら白いきのこが生えているではないか。春はきのこに飢えている時期。すぐに駆け寄って確認した。柄はびっしりと黒い粒模様に覆われており、ひだは密。傘はクリーム色で黒褐色の鱗片が見られる。匂いを嗅いでみてウッとなった。ちょっとお高めのチーズときのこ臭を混ぜたような独特な香りだ。この臭いのせいで好みが分かれそう。春〜秋、落ち葉や枯れ草など腐食物が堆積した場所に発生。

● 採れる場所
腐植質に富む場所

● 大きさ　傘の直径：3〜7cm
　　　　　高さ：3〜9cm

● ひだの付き方　湾生〜上生

ミミズキラーのきのこ
ツブエノシメジはナラタケと同じように根状菌糸束を持つきのこだが、その菌糸束に触れたミミズが死んでしまったそうだ。菌糸束のシスチジアという細胞に土壌生物に対する防御機能があるという。

ヌメリスギタケ
担子菌門・ハラタケ目モエギタケ科

腐生菌

きのこ

春・秋

採集後、即調理！余ったら塩漬け

ナメコと違って非常に傷みが早いので、採ったらすぐに調理する。食べきれない分は塩漬けにして保存。安定の旨さ。味噌煮込みうどんもよい。味噌汁は

「ぬめり過ぎ」ではなく、「ぬめり杉」茸

　名前のとおり粘性のあるきのこだ。漢字表記は「滑杉茸」で、ぬめりが強すぎるきのこというわけではない。実際、ナメコやチャナメツムタケに比べると粘性はやや控えめ。また、杉から生えるわけでもなく、広葉樹の枯木から発生する。傘は黄褐色で白い鱗片がつき、柄はささくれている。傘、柄ともに濡れると粘性を帯びる。

　味はナメコと一緒だが、本種は柄がやや細くややサクサクとした歯切れのよさが特徴的。栽培もされており、筆者もオニグルミ原木で育てている。ナメコより乾燥気味の場所でもうまく育つ。秋に多いが、まれに春にも発生する。

● 採れる場所
　ブナ・ナラ林

● 大きさ　傘の直径：5〜12cm
　　　　　高さ：5〜15cm
● ひだの付き方　直生〜上生

杉からは生えない
ヌメリスギタケは名前からしてスギから生えるのでは？と思う人もいるだろう。しかしヌメリスギタケは広葉樹の枯木に生える。実はこの「スギ」、柄に杉葉のようなささくれがあることにちなんでいる。

腐生菌

ヌメリスギタケモドキ
担子菌門・ハラタケ目モエギタケ科

きのこ

春・秋

老菌は2日かけて十分にアク抜きを

老菌はかなり土臭いので、水を変えながら2日ほどアク抜きするとよい。幼菌を薄くスライスしてバター醤油で炒めると食感がよくて美味しい。

柳からやたらと生える大型のヌメヌメきのこ

　ヌメリスギタケをよりゴツく、デカくしたような見た目のきのこ。本家ヌメリスギタケは柄にぬめりがあるが本種にはない。傘は黄褐色で黒色の鱗片があり、濡れると強い粘性が生まれる。老成して雨を被ると鱗片が落ち、ただのオレンジ色のきのこになる場合も。大変大きく成長するきのこで、老菌は時に20cmを超えるものもある。ひだははじめ黄白色で徐々に錆色に変化する。ヤナギの倒木や、枝が裂けて割れた部分からよく発生する。シラカバやハンノキの枯木（こぼく）上でも散見するが、ヤナギのものより小型になる傾向がある。味はやや泥臭さが強い。

● 採れる場所
枯木　ヤナギ、ハンノキ、シラカバ

● 大きさ　傘の直径：5~17cm
　　　　　高さ：5~10cm

● ひだの付き方　直生～上生

泥臭さレベルMax
初めて採ったのは、たしか山菜採りの時期だった。沢沿いを歩いていたところ柳の立ち枯れに生えていた。小型の老菌を採ってラーメンに入れて食べたが、スープが強烈な土臭さに染まって驚いた。

きのこ

春〜晩秋

汁物・鍋物でぬめりと出汁を

ぬめりとよい出汁が出るので汁物や鍋物に最適。歯切れがよくたいへん美味しい。汁、鍋以外では、炊き込みご飯やパスタなど。塩漬けで保存できる。

腐生菌

ナラタケ（広義）
担子菌門・ハラタケ目キシメジ科

実は世界最大の生物！ 毎年爆採れの旨いきのこ

秋のきのこ狩りのメインターゲットであるナラタケ。ナラタケモドキと違い、つばを有す。傘は粒模様があり、縁には条線が見られる。倒木や切り株、その周辺の地面に群生する。菌糸束と呼ばれる黒い根のようなものを地中に張り巡らせ、弱った木の根に菌糸を侵入させ枯死させる。この性質から、海外では山ひとつ丸ごとナラタケに侵略された事例がある。そのナラタケは大きさ（菌糸含め）約8k㎡、重さは推定1万〜3万tで世界最大の生物としてギネス認定済みだ。日本中で親しまれており、サモダシ、ボリボリ、オリミキなど地方名も多数存在する。

● 採れる場所

| 枯木 | 広葉樹、針葉樹 |

● 大きさ　傘の直径：4〜15cm
　　　　　高さ：4〜15cm

● ひだの付き方　垂生

種類によって味に違いがある

ナラタケ類の中でも、ブナ林でよく採れるキツブナラタケはもっとも味がよいとされ人気がある。筆者は晩秋に出るキヒダナラタケも試食したが、味も食感も他のナラタケに比べるとイマイチだった。

きのこ

初夏〜秋

茹でて胡麻油で甘辛く炒める

味にクセはなく、傘の表面にはほどよくぬめりがある。先に茹でてから胡麻油・醤油・酒・みりんで甘辛く炒めるのが筆者の好物。

チチアワタケ
担子菌門・イグチ目ヌメリイグチ科

菌根菌

食べすぎ注意！乳が出るヌメリイグチの仲間

筆者が高校生だった頃、家の玄関前のマツの植栽のまわりにこのきのこが大量発生していた。マツのまわりにはヌメリイグチ類がよく生える。本家ヌメリイグチも、同時期に同じ二針葉松のまわりに見られるが、柄がより太く白色でつばを持つ。チチアワタケはつばがない。管孔からわずかに乳液を分泌するが、出ない個体も結構ある。ヌメリイグチ系のきのこは表皮と管孔の消化が悪いため、過食で中毒する場合が多い。中でも本種はとくに消化が悪いのか、体質によっては1、2本でもあたるので注意。秋のきのこだが、しばしば春にも生える。

● 採れる場所
- アカマツ林
- クロマツ林
- 松の盆栽・植栽の周辺

● 大きさ　傘の直径：4〜10cm
　　　　　高さ：3〜6cm

● 管孔の付き方　直生〜上生

初めて食べる人は要注意

ヌメリイグチ系のきのこはどれも味や食感が似通っており、正直、他のきのこが採れるならそちらで事足りる。チチアワタケはとくに中毒しやすいため、まずは少量食べて問題ないか確かめるのが賢明だ。

きのこ

初夏〜秋

クセのある風味をスープ、ソテーで

ヒラタケの仲間だがタケクセのある風味だ。炊き込みご飯やスープ、ソテー、マリネなど。水を吸っていないものは天ぷらにも向いている。

腐生菌

トキイロヒラタケ
担子菌門・ハラタケ目ヒラタケ科

鮮やかなピンク色が美しいヒラタケの仲間

梅雨時期の河川敷に行くと、枯れたクルミやフジのつるから、ド派手なきのこが生えていることがある。トキイロヒラタケだ。子実体は幼菌〜成菌のうちピンク色で、老成すると褪色し肉質が硬くなる。傘はヒラタケのように片側につき、柄は短くほぼないに等しい。基部には毛がたくさん生えている。先述したとおり、広葉樹のなかでもとりわけフジ、オニグルミなど柔らかい木質の樹木から発生する。老菌も食べられなくはないが硬くて美味しくない。傘が波打つ前の幼菌が柔らかくて美味しく食べられる。あまり知られていないが、栽培もされている。

● 採れる場所
広葉樹の枯れ木
フジ、クルミなど

● 大きさ　傘の直径：2〜14cm
　　　　　高さ：ほぼない

● ひだの付き方　垂生

幼菌のうちだけ美味しい
初めて見つけたトキイロヒラタケは、やや老菌よりの成菌で、食用にはあまり向かないものだった。だがもったいなくて持ち帰った。いざ試食したものの、硬くて噛み切るのも大変で不味かった。

きのこ

初夏〜秋

幼菌を牛丼に旨みを吸わせる

肉に旨みはないが、加熱しても硬く引き締まってとても食感がよい。幼菌をスライスして牛丼に混ぜると、牛肉の旨みを吸ってかなり旨い。

腐生菌

マツオウジ

担子菌門・キカイガラタケ目キカイガラタケ科

生食厳禁

マツの切り株にわんさか生えるデカきのこ

梅雨時期、朽ちたアカマツの切り株や倒木、長らく放置された松材家具などから生えてくる。はじめは市販のエノキタケのようなミニチュアサイズだが、ものの数日でみるみる成長し、巨大なものは直径30cmを超える。シイタケを脱色したような姿形で、全体的に白〜クリーム色。傘に鱗片があり、柄にはささくれがある。つばはない。肉がとても強靭で、とくに柄はコルクのように硬い。ほのかに松脂のような匂いがする。類似種のツバマツオウジは、柄につばがありカラマツから発生。最盛期は6〜7月だが、まれに10月頃まで生える。生食・体質によって中毒する。

● 採れる場所
| 朽木 | アカマツ、クロマツ |

● 大きさ　傘の直径：5〜30cm
　　　　　高さ：2〜8cm
● ひだの付き方　湾生〜垂生

残骸はよい目印になる

マツオウジはその肉質の硬さゆえに、生えてから一年もの間、木にくっついたまま残ることも多い。筆者は冬〜春に松の切り株を見回り、そこに残っていた残骸から発生個所を特定していた。

213

きのこ

夏

きな粉をかけてデザートにする

オオゴムタケと同じレシピならまず失敗しない。石突きを取って茹でたら冷水で冷まし、黒蜜きな粉をかけて食べる。あんみつにも合う。

腐生菌(ほたぎ)

ゴムタケ

子嚢菌門・ビョウタケ目ゴムタケ科

オオゴムタケの小型バージョンともいえる存在

　冬季、筆者は原木椎茸の仕込みにそしむのだが、梅雨時期になると仕込んだ榾木からなにやらゴムのような不思議なキノコがたくさん生えてくる。それがゴムタケだ。オオゴムタケと同じように内部がゼラチン状となっており、茶褐の外皮に包まれている。サイズは、オオゴムタケと比較するととても小さいが、材上に群生するため収穫量は多くなる。オオゴムタケは食用にする際、硬く食感の悪い外皮を取り除く必要があるが、本種は外皮が薄いためわざわざむかなくてもよい。無味無臭。椎茸の榾木に用いられるコナラの木によく発生する。

● 採れる場所

| 枯木 | ナラ類 |

● 大きさ
傘の直径：1〜5cm(子実体の径)
高さ：1〜2.5cm(子実体)

● ひだの付き方　—

シイタケ栽培の副産物

先述のとおり、ゴムタケはシイタケ栽培のナラ類の原木からよく生える。大体植菌して数カ月後の梅雨時期に一番多い。榾木に生える別のきのこは害菌に思えるが、ゴムタケはとくに悪さをしないらしい。

きのこ

夏〜秋

食感を楽しむか風味を消すか

食感のよさが引き立つ炊き込みご飯やお吸い物など。ビーフシチュー、カレーなど濃い目の味付けで煮込むとよい。風味が苦手な場合は、

菌根菌

アイシメジ
担子菌門・ハラタケ目キシメジ科

ちょっとクセのある黄色いシメジ

　夏〜秋、各種の林内で散見される黄色いきのこ。幼菌時は円錐形で、徐々に傘が開き平らになる。湿ると粘性を帯びる。ひだは白色でやや細かく、縁取るように黄色になっている。やや脆いため、カゴに入れて持ち帰ると、重みや振動で粉々になっていることもしばしばある。

　シメジの一種だけあって食感はとてもよい。しかし、苦みともとれる独特な味があるため、人によって好き嫌いが分かれるかもしれない。ブナ科、一部マツ科の菌根菌で、里山のコナラ林〜寒冷地のブナ林、それから亜高山帯のモミ属の森にも発生する。

● 採れる場所
　アカマツ・コナラ林
　ブナ林　　モミ・ツガ林

● 大きさ　傘の直径：4〜8cm
　　　　　高さ：6〜9cm

● ひだの付き方　湾生

そっくりさんが多い
アイシメジの漢字表記は「間占地」。同じキシメジ科のハエトリシメジやシモフリシメジ、キシメジ、シモコシなどの中間をとったような見た目であることに由来する。見比べると確かに似ている。

写真＝シモコシ

きのこ

夏〜秋

幼菌・老菌で別の楽しみ

老菌の傘をバターで炒め、好みの味付けをしてトーストに乗せて食べると旨い。うどん、蕎麦など繊細な出汁が生きる料理もよい。幼菌はカレーにも合う。

菌根菌

アイタケ
担子菌門・ベニタケ目ベニタケ科

夏の森を彩るエメラルド。ひび割れ模様がある

　中型〜大型のベニタケの代表種。最初は饅頭形で徐々にじょうご型となる。ひだは密。傘は森のエメラルドともいえるような美しい淡緑色で、ウミガメのうろこのようなひび割れ模様がある。縁には条線が見られる。中央部が橙色になるものもある。柄は太く硬いが、虫の食害に遭いやすく空洞になっていることも多い。ブナ科、カバノキ科、シナノキ属の樹下で見られる。

　とくに変わった味や香りはないが、よい出汁が出る。ベニタケ科であるためボソボソした食感だが、傘は気にならない。幼菌はポリポリ、老菌は煮ると柔らかくなりトロッとする。

● 採れる場所
シイ・カシ林　ブナ林
シラカバ林

● 大きさ　傘の直径：6〜12cm
　　　　　高さ：5〜10cm

● ひだの付き方　離生〜直生

なぜ「藍色」の茸なのか
英語ではグリーン・ルッスラ、中国語ではチントウジュンと呼ぶ。「青・緑色のきのこ」の意味合いがある。なぜ和名は「青色」や「緑色」でなく「藍色」なのだろうと疑問に思ってしまう。

きのこ

夏〜秋

味付けの鉄則は薄め・シンプル

無難だが天ぷらとソテーが旨い。味付けは薄めでシンプルに。クセがなくどんな料理にも合うが、汁物や煮込み料理では素材の繊細な旨みを感じにくい。

菌根菌

アカジコウ
担子菌門・イグチ目イグチ科

サツマイモカラーの、食感・味ともに優秀な食用菌

　傘は桜色〜紅色、管孔は黄色のち褐色を帯び、非常にきめ細かい。柄は管孔と同色、下部が赤みを帯び、太く身が詰まっている。傷つけると青く変色する。夏〜秋、赤松林に発生するが、松枯れの進行とともに発生量も減少傾向にある。筆者の中ではイグチ科のなかでもっとも旨いと感じるきのこだ。肉は緻密で、傘はコリコリとしており貝類を思わせる食感。柄はシャキシャキとした歯切れのよさが楽しめる。食感だけでなく味も一級品。肉に甘みと強い旨みがあり、まったくクセがない。これを試食した者は皆、満場一致で「旨い」と言うだろう。

● 採れる場所
- アカマツ林
- モミ・ツガ林

● 大きさ　傘の直径：8〜11cm
　　　　　高さ：9〜15cm

● 管孔の付き方　離生

亜高山帯に生える"モドキ"
アカジコウには、アカマツ林型の一般的な種以外にも複数の類似種が存在する。そのうち、寒冷地のモミ属樹下に出る種が「アカジコウモドキ」という俗称で知られ、こちらも区別せず食用にされる。

写真＝アカジコウモドキ（俗称）

きのこ

夏〜秋

甘辛く煮て混ぜご飯に

細かく刻んで醤油・砂糖・酒・みりんで甘辛く煮て、それを炊きたてご飯に混ぜ込む。病みつきになる。食感が気にならなければバター炒めもおすすめ。

菌根菌

アカハツ
担子菌門・ベニタケ目ベニタケ科

人里近くに生える香り高い、美味しいきのこ

　夏〜秋、アカマツやクロマツなどの二針葉松の周囲に発生する菌根菌。柄は中空でつばはない。傷つけると橙黄色の乳液をわずかに分泌し、徐々に青緑色に変色する。砂地や芝生など貧栄養土壌を好み、海辺の防風林や庭園などの身近な環境でよく見られる。

　切ると変色してしまうため見た目は悪いが、大変美味しい。特有の爽やかな香りがある。まるで香水や芳香剤のように清涼感があり、なおかつ食欲がそそられる匂いだ。ベニタケ科特有のボソボソとした食感だが、チチタケなどの他種に比べたらさほど気にならない。

● 採れる場所
`アカマツ林`
`クロマツ林`

● 大きさ 傘の直径：5〜10cm
　　　　 高さ：3〜5cm

● ひだの付き方　`直生〜垂生`

もしかしたら新種？
9月中旬の亜高山帯でアカハツのようなきのこを発見した。におい、変色性、色合いは同じだが、本家アカハツと比べると華奢でツガの木の下に生えているという点が異なった。和名のない近縁種かも。

写真＝発見したきのこ

菌根菌

アカヤマドリ
担子菌門・イグチ目イグチ科

きのこ

夏〜秋

風味とチーズが抜群の相性

風味がチーズと相性がよく、グラタンやドリアなどにスライスして具材にすると格別の味わい。老菌は干してリゾットの出汁に使える。

きのこのなかでも最大級のサイズを誇る巨大イグチ

筆者が夏のきのこ狩りで一番楽しみにしているのがアカヤマドリだ。とにかくデカい。遠目からでも一目でわかる。傘は初め焦茶色〜褐色でシワだらけ。老成するにつれてひび割れが増え、より顕著になる。濡れると粘性を帯びる。管孔は若いうちは黄色で、老成に伴いオリーブ色となる。非常にきめ細かい。柄は黄色で下部から中央あたりに向かって黄褐色の斑点が無数にある。柄は長く、太さは均一で硬い。おもにマツ科とブナ科の樹木のまわりで見られる。シナノキのまわりでも発見された。見た目も強烈だが、味もかなり濃く香りも強い。

● 採れる場所
- シイ・カシ林
- ブナ・ナラ林
- マツ・モミ・ツガ林

● 大きさ　傘の直径：7〜25cm
　　　　　高さ：5〜15cm

● 管孔の付き方　上生

どう見てもメロンパン

アカヤマドリは大きくなるとひび割れ模様が現れるのだが、この割れ方はかなり個体差がある。写真のようなきれいなメロンパン柄の子実体も見られるのだから面白い。美味しそうだ。

きのこ

夏〜秋

茹でこぼし推奨。青成分を除去

基本どんな料理にも合うが、料理全体が青く染まってしまうため先に茹でこぼすとよい。幼菌は豆板醤や山椒、鷹の爪を効かせた中華風炒めが旨い。

菌根菌

アメリカウラベニイロガワリ近縁種
担子菌門・イグチ目イグチ科

触れるだけで真っ青になる不気味なきのこ

傘は赤褐色〜暗褐色でビロード状。管孔は黄色で古くなると帯緑黄色になる。孔口は赤く非常に小さい。柄は下部に向かってわずかに膨らみ、黄色の地に赤い粒点が密集している。肉は黄色。「イロガワリ」という名前のとおり、子実体を切断したり指で触れたりすると素早く青変する。以前このきのこでお絵描きをしたことがある。

夏〜秋に発生。典型的な種は広葉樹林内で見られるが、写真の個体はモミやトウヒの近くで発見された。見た目に反して特段変わった味や香りはなく、クセのないきのこである。傘は柔らかく、柄は硬く歯切れがよい。

● 採れる場所
モミ・トウヒ樹下

● 大きさ 傘の直径：5〜13cm
高さ：5〜15cm

● 管孔の付き方 上生〜離生

きのこでお絵描き
このきのこの変色性は凄まじい。棒で線を描くと跡がくっきり残る。筆者の楽しみはイロガワリを持ち帰り、管孔に筆でお絵描きをすること。傘が半球形なのできれいに描くのは意外と難しいのだ。

きのこ

夏〜秋

フレンチもよし、炊き込みご飯も◎

肉・魚料理のソースなどに使われる。フランスではジロールと呼ばれ重宝されており、オムレツやパスタ、ソテー、炊き込みご飯も案外美味しい。

菌根菌

アンズタケ（広義）
担子菌門・アンズタケ目アンズタケ科

フルーティーな香りを放つ、仏名ジロール

傘は漏斗状で成長すると波打ち、周縁が浅く裂ける。淡黄色の肉はやや厚みがある。柄は中実だが、虫の食害により脆くなっているものが多い。つばはない。しわひだを持つ。アンズのような独特な香りがあり、乾燥させると匂いが強まる。日本に分布するアンズタケには複数の類似種があると考えられており、肉眼での正確な同定は難しい。広く食用にされるが、微量のアマトキシン類、ノルカペラチン酸などの毒成分が確認されているため注意が必要である。欧米で人気があるきのこだ。夏〜秋、ブナ科の広葉樹、マツ科の針葉樹のまわりに発生。

● 採れる場所
- マツ・モミ・ツガ林
- シイ・カシ林
- ブナ・ナラ林

● 大きさ　傘の直径：3〜8cm
　　　　　高さ：3〜8cm(子実体)

● ひだの付き方　垂生

オレゴン州の代表菌

日本では「県木」や「県花」など、各都道府県のシンボルが指定されている。アメリカのオレゴン州にはなんと「州の菌」が存在し、それがアンズタケなのだ。日本もぜひ「県菌」を導入してほしい。

きのこ

夏〜秋

とくに柄が美味。ピザに乗せても。

食感が独特でクセになる。柄が引き締まっておりとくに美味しい。天ぷら、煮物、吸い物、鍋物、炒め物など。ピザに乗せても旨い。

菌根菌

ウスムラサキホウキタケ
担子菌門・ラッパタケ目ラッパタケ科

ちょっと苦いけど食感がよい、紫色のホウキタケ

薄い紫色のホウキタケの仲間。傘はなくサンゴのように棒状の突起が細かく枝分かれして上に伸びている。本家のホウキタケの形をそのままに、ラベンダー色に変えたような見た目でとても美しいが、老成すると褪色してしまう。本種はホウキタケに比べて肉が少し柔らかい。基本的には無味だが個体によってはやや苦みがあるため、食用価値はホウキタケに劣る。しかし時期になると毎年たくさん採れるため、日本各地で食用にされている。「ネズミの足」などの地方名もある（ホウキタケも同様）。晩夏〜秋に、コナラやミズナラが優勢の広葉樹林に多く発生する。

● 採れる場所
- アカマツ・コナラ林
- ミズナラ・シラカバ林

● 大きさ　傘の直径：7〜20cm(子実体の径)
　　　　　高さ：7〜15cm(子実体)

● ひだの付き方　　—

石川県特産の幻ホウキタケ
同じホウキタケの仲間であり、コナラ林に発生するコノミタケは、はじめ全体が白っぽい色で徐々に黄土色になる。石川県に多く、とくに能登地方で重宝されているそうだ。一度お目にかかりたい。

写真＝コノミタケ

写真提供：(小)石川県農林総合研究センター林業試験場

ウラムラサキ
担子菌門・ハラタケ目キシメジ科

きのこ

夏〜秋

さっぱりとした味付けの料理に

風味にクセがなく柄の食感がよいので、酢の物やピクルス、ナムルなどさっぱりとした味付けの料理に用いるのがおすすめ。

庭先にも現れる紫色のヒョロヒョロ

　雨上がり1〜2日の湿った日に突然生えてくるひょろ長いきのこ。縦に割ってみると肉まできれいな紫色をしている。乾燥するとひだ以外は色褪せてしまう。傘は中央がくぼんだ形をしており、柄は中空。肉質は硬く脆い。夏〜秋、各種林内、道端、公園、庭園の苔むした地面など、いたるところに発生するが、菌根菌の仲間である。共生相手がとても多いようだ。写真のウラムラサキは建造物の屋上緑地で見つけたもの。「あずきもたせ」や「むらさきごけ」などの地方名もある。味や香りはこれといった特徴はない。食感はよいため、たくさん採ればそれなりに楽しめる。

● 採れる場所
- 道端
- 苔むした場所
- 芝生
- 雑木林

● 大きさ　傘の直径：1〜3cm
　　　　　高さ：4〜8cm

● ひだの付き方　直生〜垂生

草じゃないよきのこだよ
ウラムラサキをはじめとするキツネタケ類は、グループ内の細かい同定こそ困難ではあるものの、毒菌はほぼ存在しないため安心して食用にできる。味は皆無だが、柄はとても硬く歯切れがいい。

きのこ

夏〜秋

黒蜜、はちみつでデザートに

幼菌〜成菌は無味無臭だが、古すぎると少々きのこの臭さを感じる。外皮を取り除き黒蜜などでデザートにする。はちみつやメープルシロップもよい。

腐生菌

オオゴムタケ
子嚢菌門・チャワンタケ目クロチャワンタケ科

雨が多い時期に森に生える、謎のこんにゃく

日本で見られるチャワンタケ系のきのこのなかではもっとも大きい。幼菌時、子実体はほぼ球形。成菌は半球形〜倒円錐形で、褐色〜黒褐色。外側は丈夫な外皮で、内側は半透明のゼラチン層となっており、まるでゴムやこんにゃくのように弾力がある。湿気が多いときはとても肉厚で大きい。子実層は平ら〜凹形で、外側は綿毛状の菌糸で覆われる。

木材腐朽菌で、朽木に発生する。南方系のきのこで、暖地に多い。夏〜秋、とくに梅雨の頃など降水量が多い時期によく発生する。見た目は不気味だが可食である。

● 採れる場所
暖地の各種林内地上

● 大きさ　傘の直径：4〜7cm(子実体の径)
　　　　　高さ：3〜4cm(子実体)

● ひだの付き方　—

南国好きなきのこ
きのことは寒冷な山奥の地域で採れるものというイメージがあるかもしれない。しかし中には熱い場所を好む種も存在する。オオゴムタケもそのうちの一種で、温帯〜熱帯に多いきのこだ。

腐生菌
オニフスベ
担子菌門・ハラタケ目ハラタケ科

きのこ

夏〜秋

肉がフワフワ！フリッターが無難

肉はフワフワで食感が面白い。フリッターが無難だが、バターを塗って焼いたり、甘辛味噌をつけて食べるのもよい。少々粉臭さがある。

突然、芝生に現れる真っ白な巨大煙爆弾

　幼菌は丸く白色、成熟すると徐々に茶褐色になりしわができる。外皮は老成すると脆くなって剥離する。残ったものは胞子の塊で、踏んだり潰したりすると大量の胞子が煙のように舞い上がり飛散する。大きいものであると人の顔を優に超えるサイズになりとても目立つので、蹴とばされたり潰されたりすることも多い。

　筆者も幼少期にこれを見つけては踏み潰していたが、今の自分が見たら悲鳴を上げることだろう。夏〜秋、雑木林や竹林、道端、畑地などの地上に単生する。幼菌の肉が白いうちのみ食用にされる。

● 採れる場所
| 竹林 | 公園 |
| 畑地 | |

● 大きさ　傘の直径:20〜50cm(子実体の径)
　　　　　高さ:ー

● ひだの付き方　ー

大きな大きな埃玉
国外にもオニフスベの近縁種が自生しており、ジャイアント・パフボール（巨大埃玉）と呼ばれる。海外でも中が白い幼菌を食用にする。たっぷりのバターで揚げ焼きにして食べるのが一般的だ。

きのこ

夏〜秋

煮込み料理やソテーがおすすめ

生のまま洗うとボロボロと崩れてしまうが、一度加熱すると扱いがラクになる。シチューなどの煮込み料理、ソテーにしてステーキの付け合わせなどに。

菌根菌

カノシタ（広義）
担子菌門・アンズタケ目カノシタ科

フランスで人気のフサフサを持つきのこ

　傘ははじめ饅頭形で、のちに平らになり、表面はクリーム色〜褐色で少しごつごつとしたいびつな形になる。上から見た様子はさほど変わったきのこには見えないが、裏側を見るとびっくり。ひだや管孔はなくフサフサとした針状の突起が並んでいる。針はとても脆いので触ると簡単に折れる。肉も同様に脆い。

　フランスでは「ピエ・ド・ムートン」（羊の足）と呼ばれて親しまれている食用きのこだが、近年では毒成分が確認されたとして日本ではあまり推奨されていない。中秋〜晩秋の広葉樹林や針葉樹林に発生する。

● 採れる場所
- アカマツ・コナラ林
- モミ・ツガ林

● 大きさ　傘の直径：2〜5cm
　　　　　高さ：3〜7cm

● ひだの付き方　—

カノシタとシロカノシタ

国内のカノシタ類は、ざっくりと2タイプに分けられる。ただの「カノシタ」とその変種「シロカノシタ」だ。カノシタは針葉樹型でまれ、シロカノシタは広葉樹林に多く、たくさん生える。

腐生菌

カラカサタケ
担子菌門・ハラタケ目ハラタケ科

生食厳禁

きのこ

夏〜秋

油で揚げてフワフワ感を堪能

大きな傘はフリッターやフライにすると、白身魚のようなフワフワ感と旨みが感じられる。柄は歯切れがよく、ソテーや唐揚げにすると美味しい。

森にひっそりと生える傘のような巨大きのこ

　はじめ傘は丸く袋状で、一定の高さまで成長すると展開して平らになり、淡灰褐色の地に褐色の鱗片を有する。肉は白く成熟すると柔らかくなり弾力が出る。ひだは白色。柄は長くだんだら模様があり、可動式のつばがある。森の中や林道脇などによく生える。傘を握っても元どおりになるため「ニギリタケ」とも呼ばれる。日本より欧米圏で人気のあるきのこで、パラソルマッシュルームの名で親しまれている。似ている毒きのこのオオシロカラカサタケは、成熟するとひだがオリーブ色となる点で区別できる。本種に関しても生食すると中毒するためとくに注意。

● 採れる場所
　森林
　竹林

● 大きさ　傘の直径：8〜20cm
　　　　　高さ：15〜30cm

● ひだの付き方　隔生

手で握っても平気！
カラカサタケは別名「ニギリタケ」と呼ばれる。これは、カラカサタケの幼菌の傘を手で握っても壊れず元どおりになるからだ。筆者も若めの個体の傘で試してみた。手を離すと傘がきれいに開いた。

きのこ

夏〜秋

出汁になるので
うどん・蕎麦にも

傘に少々ぬめりがあり、汁物にすればよい出汁が出る。うどんや蕎麦にも合う。
アイタケ同様、バター炒めやカレーの具がおすすめ。

菌根菌

カワリハツ
担子菌門・ハラタケ目ベニタケ科

色のバリエーションが豊富なカラフルきのこ

　傘ははじめ饅頭形で、成長すると平ら〜じょうご型になる。傘の表面は滑らかで、湿ると粘性を帯びる。「変わり初」の名のとおり、傘の色は緑、青、淡紅、紫、オリーブ色など変化に富む。肉眼でこれらを他種と見分けるのは非常に難しいため、食用にする際は誤食のリスクが低い緑色、紫色のものがおすすめ。

　ひだは白くやや密。柄は基部に向かって若干細くなる。肉は白色。緑色型はアイタケに似るが、ひび割れを有さない点が異なる。夏〜秋、さまざまな林内地上に発生するが、とくにブナ科、カバノキ科の樹下に多い。

● 採れる場所
シイ・カシ林　ブナ・ナラ林
マツ・モミ・ツガ林

● 大きさ　傘の直径：6〜10cm
　　　　　高さ：4〜5cm

● ひだの付き方　直生〜離生

激辛カワリハツは別種かも
カワリハツは色の個体差が激しいため、有毒種と間違えにくい紫色と緑色のものを選ぶのが一般的だ。しかし紫色で春先と晩秋に生えるものはカラムラサキハツの可能性がある。かじるととても辛い。

写真＝カラムラサキハツ

写真提供：(小) 幸徳伸也

菌根菌

キタマゴタケ
担子菌門・ハラタケ目テングタケ科

きのこ

夏〜秋

らしさが出るのはソテーやオムレツ

タマゴタケと同じしょうな味わい。食感もまったく一緒だ。色素は水溶性で、炒めたり煮たりすると料理全体が黄色に染まる。ソテーやオムレツなど。

照葉樹林にたくさん生える黄色いタマゴタケ

　タマゴタケから赤色の色素を取り払ったような見た目のきのこ。全体が鮮やかなレモン色で、肉は白い。傘には条線があり、柄には薄い膜状のつばが垂れ下がる。根元には白くて大きな卵型のつぼがある。

　死亡例のある猛毒きのこ・タマゴタケモドキに似ているため、特徴をつかむまでは食べない方がよいだろう。タマゴタケモドキには条線がなく、ひだは白色である。本種はブナ科の菌根菌で、とりわけシイ、カシなどの常緑樹のまわりに発生する。写真の個体はマテバシイ樹下で撮影したもの。夏〜秋に発生する。

● 採れる場所
- シイ・カシ林
- 雑木林

● 大きさ　傘の直径：6〜18cm
　　　　　高さ：10〜20cm

● ひだの付き方　離生

赤・黄・茶のタマゴ御三家
キタマゴタケはタマゴタケの近縁種として知っている人も多いだろう。しかし、キタマゴだけでなくチャタマゴタケというきのこも存在するのだ。名前のとおり茶色いタマゴタケ。発生地域が限られる。

写真＝キタマゴタケ

きのこ

夏〜秋

焼いて醤油。食べ方はこれ一択。

天ぷらなどでも旨いとは聞くが、筆者流の食べ方は一択のみ。そのまま焼いて醤油をつけて食べる。素材の旨みと苦みが思う存分に楽しめる。

菌根菌

クロカワ
担子菌門・イボタケ目マツバハリタケ科

大人の味がする、ほろ苦い味わいの高級きのこ

　傘は灰色〜黒褐色で、幼菌時は丸く少しいびつな形をしている。古くなると傘は平らに開く。傘の裏にひだはなく、イグチ科のような管孔層を持つ。柄は傘と同色。肉質は硬くて脆い。肉は白色で、傷つけるとわずかに赤みを帯びる。

　クロカワには複数の類似種があるとされる。典型種はアカマツ・コナラ林で見られるが、ミズナラ・シラカバ林でも見かける。亜高山帯のシラビソ林にはミヤマクロカワが生える。こちらは本種よりも苦みが強いとされる。肉に苦みがあり、好みは分かれるがハマる人はとことんハマる味わい。「ロウジ」などの地方名もある。

● 採れる場所
- アカマツ・コナラ林
- ミズナラ・シラカバ林

● 大きさ　傘の直径：5〜20cm
　　　　　高さ：3〜6cm

● 管孔の付き方　垂生

このきのこ、旨すぎる！
初試食では網焼きで食べたが、あまりの旨さに衝撃を受けた。まるで貝のようなコリコリ感と強い旨み、後味で来る上品な苦みが堪らない。あっという間に平らげた。筆者はクロカワのとりこになった。

菌根菌
クロラッパタケ
担子菌門・アンズタケ目アンズタケ科

きのこ / 夏〜秋

干して香りを凝縮、戻したものを調理

生の状態では無味無臭だが干すと強い香りが出るため、必ず一度乾燥させる。戻したものをパスタやリゾット、オムレツなどに使うのがよい。

死者のトランペット？ 芳香のある黒いラッパ

　名前のとおり黒いラッパのような形状のきのこ。肉は非常に薄く、まるで海藻である。老菌はたいへん脆く破れやすい。子実層は灰色で下部は黒い。秋、各種林内で地上に散生する。日本ではあまり馴染みのないきのこだが、ヨーロッパではごく普通に食べられている。

　生のときは無臭だが、干すと強い芳香を放ち、これがクリーム系の料理に合うのだ。フランスでは「死者のトランペット」と呼ばれるが、これはキリスト教の「死者の日」がある11月頃にこのきのこがよく発生するためだといわれている。

● 採れる場所
| ブナ・ナラ林 |
| マツ・モミ・ツガ |

● 大きさ　傘の直径：1〜6cm
　　　　　高さ：5〜10cm(子実体)

● ひだの付き方　—

クロラッパも爆買いできる
日本でなかなか見かけないきのこだが、実は大手外資系スーパー、コ○トコで購入できる。マッシュルームやヒラタケと一緒に乾燥品が販売されている。栽培できないきのこなだけに驚きだ。

きのこ

夏〜秋

スライスしてナッツ他と炒める

味がやや薄いのでカレーやハヤシライスなど濃い味付けの煮込み料理がよい。プルプル食感が馴染んでなかなかに旨い。右下コラムのキアシも同様。

菌根菌

コガネヤマドリ

担子菌門〜イグチ目イグチ科

黄金色のイグチ。見た目はいいが味はうすい…

アカヤマドリを探しにミズナラの森を歩いていると、橙色をした別の大きなイグチが生えていた。傘ははじめ饅頭形で、老成するとほぼ平らになる。表面は平滑で黄褐色〜黄土色。管孔ははじめ黄色だが、だんだんとオリーブ色に変化する。柄全体に網目模様がある。大型のイグチだが、他のヤマドリタケ属に比べると柄が細いような気もする。他の図鑑や文献では「味はやや苦い」とされている。しかし、筆者は何度かコガネヤマドリを食べてきたが、今までに一度も苦みを感じたことがない。夏〜秋、コナラ、ミズナラなどブナ科の広葉樹のまわりに発生する。

● 採れる場所
[雑木林] [アカマツ・コナラ林] [ブナ・ミズナラ林]

● 大きさ　傘の直径：4〜10cm
　　　　　高さ：6〜11cm

● 管孔の付き方　[離生]

見た目が似てる味なしイグチ

個人的に少し似ていると思うのがキアシヤマドリタケ。発生環境・時期が共通しており、近くに生えていることも多い。傘が茶褐色で管孔が黄色。柄に網目模様がある。毒はないが、旨みもまったくない。

写真＝キアシヤマドリタケ

[腐生菌]
コムラサキシメジ
担子菌門・ハラタケ目キシメジ科

きのこ / 夏〜秋 / 炒め物以外なら何にでも使える

味にクセがなく食感がよいので何にでも使えるが、老菌は脆いため炒め物には向かない。色味を生かしたピクルスやマリネがよい。

芝生や落ち葉溜まりに群生する美しい食用きのこ

　初めて出会ったのは2023年に青森県できのこ狩りをした際のこと。きのこ狩りスポットを案内してくれた方が落葉溜めに群生する紫色のきのこを発見した。それがコムラサキシメジだった。子実体はきれいな薄紫色で、老成に伴い褪色する。雨水を吸った個体は傘中央部が白〜やや褐色ににじむ。非常に脆く壊れやすい。

　大型のムラサキシメジと似るが、本種は夏〜秋に発生し、ムラサキシメジは晩秋に発生する。ムラサキシメジが少し粉臭い味なのに対し、本種はクセがまったくない。夏〜秋、林道沿いや芝生、畑地など身近な場所に生える。

● 採れる場所
[芝生] [公園] [落ち葉の吹き溜まり]

● 大きさ　傘の直径：4〜8cm
　　　　　高さ：3〜5cm

● ひだの付き方　[湾生〜垂生]

芝生にいたずらするぞ
コムラサキシメジはしばしば芝生上に発生するが、その周囲の芝が急に成育がよくなったり、逆に枯れたりすることがある。これは本種の成分が植物の成長に関係しているからなのだそうだ。

きのこ

夏〜秋

塩蔵品を塩抜きして さまざまな料理に

グリルで焼き、醤油で食べる。塩蔵品を塩抜きしてさまざまな料理に使えるが、筆者は薄くスライスして歯切れのよい柄を噛むとほろ苦く旨い。

菌根菌

サクラシメジ
担子菌門・ハラタケ目・ヌメリガサ科

秋の広葉樹林に並ぶ桜色の兵隊たち

9月の残暑が過ぎ去る頃、ブナ林やナラ林にピンク色のきのこがわんさか生えてくる。サクラシメジだ。傘は湿ると粘性を帯び、白色〜薄い桜色の地に紅色の絣(かすり)模様やにじみがつく。雨に濡れたものは枯葉がまとわりついて下処理が大変。柄は列をなして発生することが多く、その様子から「兵隊きのこ」とも呼ばれる。「シメジ」を名乗っているがヌメリガサ科のきのこだ。肉に強い苦みがある。塩漬けにすると苦みが抜けるため、保存も兼ねて塩蔵品で市場に並ぶことも多い。ちなみに加熱するときれいな桜色は失われる。秋、ブナ科の広葉樹林内に群生する。

● 採れる場所
- アカマツ・コナラ林
- ブナ・ミズナラ林

● 大きさ 傘の直径：5〜12cm
　　　　　高さ：3〜8cm

● ひだの付き方　直生〜垂生

モドキやヒメも存在する
よく似たサクラシメジモドキは広葉樹ではなく針葉樹のまわりに発生する。また、本種よりサイズの小さく苦みがないヒメサクラシメジも、同様に針葉樹下に発生する。両者ともにひだが疎。

写真＝サクラシメジ

きのこ

夏〜秋

チーズと一緒にトーストする

クセがなく旨みが強い。ソテーやペペロンチーノできのこの味を楽しむ。溶ける寸前の幼菌の傘は柔らかく、チーズと一緒にトーストにすると絶品。

腐生菌

ササクレヒトヨタケ
担子菌門・ハラタケ目ハラタケ科

見た目も性質もオバケみたいなきのこだが非常に美味

　夏の暑い時期に突然雨が降り、1〜2日経つと突然白くて細長いきのこが生えてくる。傘は縦長で"きりたんぽ"のような形をしており、名前のとおりささくれがある。柄は長く、成菌は脱落しやすいリング状のつばを持つ。漢字にすると「一夜茸」となるが、これはこのきのこの傘が一晩ほどで黒いインクのように溶けてしまうことにちなんでいる。溶け始める前の幼菌は食用にされ、コプリーヌの名で欧米人に親しまれている。ちなみに筆者は、本種がムーミンのキャラクター「ニョロニョロ」の元ネタだと信じている。夏〜秋、畑、道端、草地などに発生。

● 採れる場所

牧草地	畑地
道端	

● 大きさ　傘の直径：3〜5cm
　　　　　高さ：15〜25cm

● ひだの付き方　離生

家でオバケを栽培しよう
ササクレヒトヨタケは近年その商品価値が見直され、日本でも栽培が進んでいる。また、栽培キットも通販で購入できる。すくすく育って一瞬で溶ける様子には驚かされる。まるでオバケのようだ。

きのこ

夏〜秋

どんな料理でも絶品になる

味にクセがなく、弾力があってとても美味しい。ピザやお吸い物などさまざまな食べ方で堪能した。筆者は炊き込みご飯や炒め物、どれも絶品だった。

菌根菌

シャカシメジ
担子菌門・ハラタケ目シメジ科

いかにもシメジらしい見た目の株立ちシメジ

　早秋の広葉樹林帯を代表するシメジの一種。何本ものきのこが1つの株になって束生する。名前の由来は、幼菌時のシャカシメジがまるでお釈迦様の螺髪のようであること。株でまとまって生える様子は市販のブナシメジを連想させる。しかし食味に関してはシャカシメジが圧倒的な旨さを誇る。プリッとした緻密な肉はとても歯切れがよく、他のきのこでは代え難い。昔はたくさん採れたようだが、近年ではナラ枯れの進行に伴い発生量が激減している。一般的にコナラやミズナラなどブナ科の樹下で見られるが、筆者はシナノキ属の樹下でも確認した。

● 採れる場所
　アカマツ・コナラ林
　シナノキ林

● 大きさ　傘の直径：1〜5cm
　　　　　高さ：1〜10cm

● ひだの付き方　直生〜垂生

石突の際まで食べられる
シャカシメジは必ず束で生えるきのこだ。地中には大きな塊ができ、そこからシメジらしい形の子実体が育つ。その塊も緻密で食感がよく美味しい。採取した際は地中部も捨てずに食べてみよう。

きのこ

夏〜秋

菌根菌

ススケヤマドリタケ近縁種
担子菌門・イグチ目イグチ科

煤がかかったように黒ずんだポルチーニ茸の仲間

傘は黒褐色〜暗灰褐色でビロード状。柄も同系色で網目模様がある。管孔ははじめ白色でのちに黄色になる。ススケヤマドリタケにも類似のそっくりさんがいると考えられており、写真の個体もそのうちのひとつだと考えられる。典型種はモミやトドマツ、シラビソ、エゾマツなど、寒冷地に分布する針葉樹のまわりによく発生するが、類似種はミズナラ、オオバボダイジュ、シナノキの下で見つかった。本家のススケヤマドリタケは日本のポルチーニ御三家の一種で、香りがよく旨みがかなり強い。北海道でよく採取されているようだ。夏〜秋にかけて発生。

● 採れる場所
ミズナラ・シラカバ林
シナノキ林

● 大きさ　傘の直径：4〜15cm
　　　　　高さ：5〜10cm

● 管孔の付き方　直生〜上生

イグチの仲間は同定が難しい

写真はススケヤマドリタケの近縁種だと考えている。というのも本家は亜高山帯の針葉樹林に発生するのだが、こちらはミズナラ・シラカバ林に生えていた。ヤマドリタケ系の芳香があり美味だった。

ポルチーニ類特有の芳醇な香りは洋食料理と相性抜群だ。フレッシュはソテーやパスタ、乾燥品は刻んで戻し汁と一緒にリゾットにする。

フレッシュでも乾燥品でも美味

きのこ

夏〜秋

腐生菌

スッポンタケ
担子菌門・スッポンタケ目スッポンタケ科

グレバを洗って油で揚げる

臭いグレバはきれいに洗い流して油で揚げる。筆者はスッポンタケの素揚げを中華スープに浮かべた。やや魚に似た香りがあり、汁が染みて旨かった。

先端から激臭を放つヘンテコな形のきのこ

　幼菌は卵状で、真二つに切ると半透明なゼリー状の物質に包まれた柄と傘が確認できる。柄は柔らかく発泡ポリエチレンの緩衝材のような質感。成熟すると黒色の傘から悪臭を放つようになる。これはグレバという粘性のある組織によるもの。この臭いでハエなどの昆虫を誘引し、胞子を遠くに運んでもらおうという試みだ。見た目と悪臭から、とても食べられるものではないと思う人も多いだろう。しかし、グレバを洗い流せば食べることができるのだ。ヨーロッパの一部や中国で食用にする文化がある。夏〜秋、落ち葉が堆積した場所に発生する。

● 採れる場所
- 竹林
- 腐植質に富む場所

● 大きさ　傘の直径：3〜5cm
　　　　　高さ：9〜15cm

● ひだの付き方　—

珍菌キヌガサタケの近縁種
近縁種のキヌガサタケは、スッポンタケにレースを被せたようなもの。白いドレスを纏ったような美しい姿から「きのこの女王」と呼ばれるが、ドレスがないとまるで扱いが違う。

写真＝キヌガサタケ

きのこ

夏〜秋

圧倒的な食感はシチュー、カレーで

柄を食べやすいサイズに切ってシチューやカレーに。味の薄さを補いつつ食感のよさを楽しめるのでおすすめだ。

菌根菌

セイタカイグチ
担子菌門・イグチ目イグチ科

柄の食感が別格！ 背高のっぽなイグチ

　夏の雑木林、集まってくる蚊と闘いながら暗く鬱蒼とした林内を歩いていると、やたらと柄が長いイグチに遭遇した。

　傘は白く、柄は紅色〜紅褐色で非常に硬く引き締まっている。また、柄には網目状の凹凸があり、集合体恐怖症の方にとってはツラい見た目をしているかもしれない。基部は黄色。ブナ科の樹木の菌根菌で、里山の雑木林によく生える。とくにコナラの樹下が多い。味は普通だが、柄の食感のよさは尋常でない。ジャキジャキ＋ゴリゴリで、細身のわりに食べ応えがあっておいしい。傘はおまけみたいなもの。

● 採れる場所　アカマツ・コナラ林　雑木林

● 大きさ　傘の直径：4〜10cm　高さ：8〜16cm

● 管孔の付き方　上生〜離生

傘の酸味が惜しいところ

柄は食感がよくたいへん美味しいのだが、管孔には独特な酸味がある。とくに古いものは酸味が強い。気になる方は取り払って食べるとよいだろう。老菌の管孔は指で簡単に取れて気持ちよい。

きのこ

夏〜秋

幼菌は生でも食べられる

独特な風味がある。色素は水溶性で調理するとせっかくの色味は失われる。炊き込みご飯やオムレツなど。つぼが割れる前の幼菌は生でサラダに。

菌根菌

タマゴタケ（広義）
担子菌門・ハラタケ目テングタケ科

まるで蝋細工！ 卵から産まれる美しき赤いきのこ

　きのこに興味を持って図鑑を眺め始めた頃、一番惹かれたのがタマゴタケだった。夏は毎日のようにタマゴタケ探し求めて山を歩き回ったものだ。そして遂にご対面。あまりの美しさに息をのんだ。鮮やかな赤色の傘、黄色の柄とひだ、そして卵そっくりの白いつぼ。図鑑でしか見たことのない憧れのきのこが目の前にあるという感動は凄まじい。見間違えやすいきのこはほぼないが、イボの取れたベニテングタケは誤認する可能性があるので注意したい。夏〜秋、ブナ科、マツ科、シナノキ属の樹木のまわりに発生。意外と、林道脇など人目につく場所にも多い。

● 採れる場所
シイ・カシ林　雑木林
マツ・モミ・ツガ林　ブナ・ナラ林

● 大きさ　傘の直径：6〜18cm
　　　　　高さ：10〜20cm

● ひだの付き方　離生

模様ありと模様なしがある
日本に生えるタマゴタケは、細分化すると複数の類似種に分かれるとされる。大きく分けると2タイプあり、1つは柄にだんだら模様があり、もう一方は模様がない。模様なしは亜高山帯に多い。

きのこ

夏〜秋

なすと煮て旨みを吸わせる

刻んでなすと一緒に胡麻油で炒め、醤油・砂糖・みりんで煮込む。なすがチチタケの旨みを吸ってたいへん旨い。これをうどんの具にするとヤバい。

菌根菌

チチタケ
担子菌門・ベニタケ目ベニタケ科

栃木で大人気！ 出汁半端ない乳が出るきのこ

　8月は気温が高く夏きのこの発生量も意外と少ないのだが、チチタケだけは期待を裏切らず大量に生える。傘は橙褐色でひだは黄色みを帯びた白色。ベニタケ科特有の肉は硬くボソボソで食感が悪い。傷つけると白色の乳液が大量に分泌される。この乳液には天然ゴムの成分が含まれており、非常にべたつく。また、乾くと干し魚のような強い匂いを発する。しかし、この乳液は汁物や煮物にするとたいへんよい出汁になる。甘みと渋みが混ざり合ったようなコクのある味わい。栃木県では「ちたけ」と呼ばれ偏愛される。夏〜秋、ブナ科、シナノキ属の樹下に発生。

● 採れる場所
[コナラ林] [ブナ・ミズナラ林]
[シナノキ林]

● 大きさ　傘の直径：5〜12cm
　　　　　　高さ：6〜10cm

● ひだの付き方　[直生〜垂生]

栃木県民に愛されすぎ
栃木県民のチチタケ愛は並大抵ではない。県内のうどん屋には必ずと言っていいほど「ちたけうどん」がメニューに載っているという。人気のあまりマツタケより高値がつくこともあるそうだ。

きのこ

夏〜秋

乾燥させて保存。色合いも楽しむ

加熱後、冷ましてポテトサラダやマリネにすると色合いが生きる。少しコリコリに近い食感があって美味しい。乾燥品を戻してパスタやソテーに。

菌根菌

トキイロラッパタケ
担子菌門・アンズタケ目アンズタケ科

マツ林一面に生えるオレンジ色のラッパたち

　淡桃灰色〜黄色の小さなラッパ型のきのこ。8月後半から9月にかけて、アカマツ林に毎年大量発生する。日当たりのよい場所より、少し日陰で落葉の積もった場所に多い。肉質は意外にもしっかりしている。色の個体差が激しく、オレンジ色のものもあれば薄ピンクのもの、真っ白なものもある。ちなみに、「ラッパタケ」という名前だがアンズタケ属のきのこだ。

　これを干すとバターのようなよい香りが生まれる。他のきのこがまったくダメな年でも、トキイロラッパタケは期待を裏切らず毎年森一面に生える。そのうえ保存がきくのでありがたいきのこだ。

● 採れる場所
　アカマツ林
　エゾマツ林

● 大きさ 傘の直径：1〜3cm
　　　　 高さ：1〜3cm(子実体)

● ひだの付き方 垂生

いろいろと便利でありがたい
夏〜秋のきのこはほとんどが虫食いだ。しかし、トキイロラッパタケは違う。肉がとても薄いためか、幼虫が入っているのを見たことがない。虫がつかず、生でも干してもよし。ありがたいきのこだ。

きのこ

夏〜秋

肉が脆いので汁物・鍋物で

脆く柔らかいため、味噌汁など汁物や鍋物に向いている。ナラタケほど出汁は出ないが、それでも歯切れがよいので美味しい。

腐生菌

ナラタケモドキ
担子菌門・ハラタケ目キシメジ科

公園の木や街路樹にも生える嫌われものきのこ

　傘は黄褐色〜茶褐色で条線があり、中央部に細かい鱗片がある。ナラタケに似るが、本種にはつばがないという点で見分けられる。また、ナラタケと比較して肉が脆く壊れやすい。ナラタケよりやや早い時期に生え始める。単生することはほとんどなく、十数本のまとまりで木の根元に立派な株立ちを作る。ナラタケ同様、菌糸束で衰弱した木を枯らし、その周囲に拡大していく。樹木医はこれを「ナラタケ（モドキ）病」と呼ぶ。人里にもよく生え、街路樹の桜などがナラタケモドキ病に感染し伐採されることもよくある。生食・過食で中毒の恐れがある。

● 採れる場所　枯木　広葉樹

● 大きさ　傘の直径：3〜6cm
　　　　　高さ：5〜8cm

● ひだの付き方　直生〜垂生

柄の食べすぎが危険！
ナラタケやナラタケモドキは過食・体質によっては中毒を起こすとされているが、ナラタケモドキはお腹を下す人が多い。とくに柄の下部の消化が悪いので、柄の真ん中より下は切り捨てよう。

きのこ

夏〜秋

菌根菌

表皮と管孔は取り除いて調理

安全性をとるなら表皮と管孔は取り払って甘辛炒めにするとよい。濃い味付けで薄味をカバーするとそれなりに美味しく食べられる。

ヌメリイグチ
担子菌門・イグチ目ヌメリイグチ科

アカマツ、クロマツ林に生えるハナイグチの親戚

　傘は表面が褐色で強い粘性がある。柄は白色でつばがある。しかし簡単に脱落するためなくなっているものも多い。管孔は非常にきめ細かく、黄白色。虫が湧きやすいため、食用となるのは基本幼菌のみだ。ハナイグチと似ているが、あちらは柄が黄色で傘もより赤みを帯びており、カラマツ林内に発生する点が異なる。ほどよいぬめりがあって旨い。しかし管孔と表皮の消化が悪く、体質によってはこれらの部位を食べると中毒する。ハナイグチやアミタケと違ってスルーされるのには理由があるのだ。夏〜秋、里山や海岸線のマツ林、公園でよく見られる。

● 採れる場所
- アカマツ林
- クロマツ林

● 大きさ　傘の直径：5〜15cm
　　　　　高さ：3〜8cm

● 管孔の付き方　直生〜垂生

海外では不人気なヌメヌメ
ヌメリイグチは、英語で「Slippery Jack」と呼ばれる。欧米圏では、このきのこに限らずぬめりのある食材が好まれない。傘の表皮を取り除いて食べるのが一般的なのだそうだ。

腐生菌

ノボリリュウタケ
子嚢菌門・チャワンタケ目ノボリリュウタケ科

龍が天に昇っていく？ 不思議な形のきのこ

　秋雨が続く9月はじめの頃、アジサイの木の下になにやら灰色のきのこが生えている。採ってみると、全体がしわくちゃでミルフィーユ生地のように薄い肉が折り重なったような構造をしていた。アミガサタケなどと同じ子嚢菌の類で、食感が面白いきのこだ。ただし、こちらは春でなく夏〜秋にかけてよく発生する。名前の由来はまるで龍が上へ上へと昇っていくような姿形をしていること。微量ながら猛毒ギロミトリンを含むため、食べる際は一度茹でこぼしたほうがよい。また、過食や生焼けもヒドラジン中毒のおそれがあるため注意が必要だ。

● 採れる場所
腐植質に富む場所

● 大きさ　傘の直径：1〜3cm
　　　　　高さ：2〜10cm

● ひだの付き方　―

黒いノボリリュウタケ
よく似たクロノボリリュウタケは、ほぼ同じ形で傘や柄がやや黒〜灰色。ノボリリュウタケは比較的たくさん生えるが、クロノボリリュウタケは単生である場合が多い。食毒不明なので注意しよう。

写真＝クロノボリリュウタケ

きのこ

夏〜秋

コリコリ感は洋食全般と好相性

アミガサタケと同じく欧米で人気がある。洋食全般と相性がよいほか、炊き込みご飯や天ぷらも、弾力のあるコリコリ感を楽しめてよい。

きのこ

夏〜秋

鍋、炒め物…。どんな料理にも

味にクセがなく食感がよいため、どんな料理に使っても美味しい。鍋や炒め物、炊き込みご飯、リゾット、パスタ、ホイル焼き、シチューなど。

腐生菌

ハタケシメジ
担子菌門・ハラタケ目シメジ科

畑や道端にも生える身近なシメジ。味も優秀

　林道沿いや畑の隅に立派な株立ちの美味しそうなきのこが生えてくる。腐生菌のシメジの一種、ハタケシメジだ。幼菌のうちは灰色で、次第に褐色になる。傘は饅頭形で徐々に平らになり、縁に条線が見られる。肉はわずかに粉っぽい質感。ひだは真っ白だが老成するとクリーム色になる。堆積した落葉ではなく地中の埋もれ木から発生している。時に十数株まとまって大群生になることもある。身近でたくさん採れるうえに、食感がよくとても美味しい。なぜか幼虫もまったく湧かないというのもうれしいポイント。秋に発生するが、しばしば梅雨時期にも見られる。

● 採れる場所
- 林道脇
- 公園
- 畑地

● 大きさ　傘の直径：4〜9cm
　　　　　高さ：5〜8cm

● ひだの付き方　湾生〜垂生

実はスーパーで売られている
あまり知られていないが、実はハタケシメジも菌床栽培されており、スーパーなどで普通に購入できる。ブナシメジと違い粉臭さがなくとても食べやすい。見かけたらぜひ食べてみてほしい。

腐生菌

ハナビラタケ
担子菌門・タマチョレイタケ目ハナビラタケ科

森の中に突然現れる、花びらの塊みたいなきのこ

　夏の針葉樹林を散策していると、木の根元に黄色くてヒラヒラした大きな塊が生えているのに気付いた。ハナビラタケだ。幼菌〜成菌はくすんだ黄白色で、徐々にクリーム色を帯び肉が脆くなる。本種は針葉樹の木材腐朽菌で、アカマツ、カラマツ、ゴヨウマツなどの根元や倒木の地際に発生する。枯木からも生えるが、生きている木から生えるものは非常に大きく成長し、次年度以降も発生が期待できる。寒冷地に多く、暖地ではあまり見かけない。肉は薄く、キクラゲ類のような質感だ。独特な香りがある。最近では栽培品が近所のスーパーにも並ぶようになった。

● 採れる場所
 立木、倒木 　マツ、モミなどの針葉樹

● 大きさ 　傘の直径：20〜40cm（子実体の径）
　　　　　高さ：ー

● ひだの付き方 　　ー

下処理が面倒過ぎる
ハナビラタケは大きいものだと1kgを優に超える巨大きのこ。見つけたときはうれしいが、下処理はとにかく大変だ。土やゴミが癒着しておりなかなか取れないので、使わない歯ブラシでこする。

きのこ

夏〜秋

中華はもちろんジェノベーゼにも

キクラゲのようなコリコリとした食感が特徴。中華炒めやスープは相性抜群だ。ジェノベーゼパスタにしても美味しかった。

きのこ

夏〜秋

サッと茹でてから冷まして使う

プルプルのゼリーのような不思議な食感を味わいした後、ポン酢や出汁醤油をかけて食べると美味しい。サッと茹でて冷水で冷ます。酢の物もよい。

寄生菌

ハナビラニカワタケ
担子菌門・シロキクラゲ目シロキクラゲ科

枯木に生える、柔らかくプルプルした寄生花

　半透明の肉は淡褐色〜赤褐色で、とても柔らかくプルプルしている。ちなみに、「ニカワ」とはゼラチンで作られる天然接着剤・膠のこと。子実体は花びらのようなしわのよった構造をしており、それぞれが癒着し1つの塊で生える。乾燥すると黒くなってしぼんでしまう。

　本種はキウロコタケという木材腐朽菌の寄生菌。コナラやミズナラ、シデ類など広葉樹の枯木に発生する。無味無臭。春〜秋、各種林内の倒木上で見られることが多い。川沿いなどやや湿気の多い場所によく生える傾向がある。中華の高級食材・シロキクラゲに近縁。筆者は本種で代用した。

● 採れる場所

| 枯木 | ナラやシデなどの広葉樹 |

● 大きさ　傘の直径：5〜6cm(子実体の径)
　　　　　高さ：4cm(子実体)

● ひだの付き方　—

黒系ヒラヒラは食べられない
有毒のクロハナビラタケ、食毒不明のクロハナビラニカワタケとやや似ている。前者は暗褐色で、触ると皮のような質感。後者は暗紫赤色で、肉はゼラチン状だがハナビラニカワタケより薄い。

写真＝クロハナビラニカワタケ

きのこ

夏〜秋

成菌をピザで。けっこうクセに

アイタケとまったく同じだ。以前、成菌をピザに乗せて食べたが、傘がポリポリとした不思議な食感でなかなかクセになるものだと思った。

菌根菌

フタイロベニタケ
担子菌門・ベニタケ目ベニタケ科

アイタケの色違いバージョン。色以外の違いなし

　ベニタケ科の食用きのことしてお馴染みのアイタケだが、実はそっくりさんが存在するのだ。フタイロベニタケは「アイタケを赤色にしたもの」という表現が妥当だろう。傘にはアイタケと同じくひび割れ模様がある。全体が赤色のものもあれば、中央部がアイタケと同じ青緑色で縁だけ赤いものもある。それ以外にはとくに違いは見られない。発生環境もアイタケと同じで、ブナ科やカバノキ科の樹木のまわりに発生する。味に関してもまったく同じなので、あえて区別する必要もないかもしれない。夏〜秋、アイタケと同じく広葉樹林内地上に発生する。

● 採れる場所
シイ・カシ林　ブナ・ナラ林
シラカバ林

● 大きさ　傘の直径：6〜12cm
　　　　　高さ：5〜10cm

● ひだの付き方　直生〜離生

ひび割れ系きのこ御三家
フタイロベニタケもアイタケと同じく、傘表面のひび割れ模様が特徴的なきのこだ。他のきのこでは、ヤブレキチャハツも傘にひび割れ模様を持つ。こちらは淡黄褐色であるため一目で区別可能。

写真＝ヤブレキチャハツ

写真提供：(小) oso

きのこ

夏〜秋

シンプルにバター炒めでも
アンズタケと同じ調理法がよい。シンプルにバターで炒めるだけでも食感のよさと旨みを十分に味わえる。パスタ、ピザ、シチューなど。

菌根菌

ベニウスタケ
担子菌門・アンズタケ目アンズタケ科

里山でたくさん採れる朱色のアンズタケ類

鮮やかな紅色の傘を持つきのこ。しわひだは若干白く、柄は傘よりも薄い橙色をしている。雨を被ると少し色褪せる。名前に「ウスタケ」とついているが、ラッパタケ科の有毒きのこ、ウスタケの近縁種ではない。本種はアンズタケ類に近縁で、しわひだや波打つ漏斗型の傘もアンズタケにそっくりだ。柄は中実だが虫に喰われてスカスカになっている場合が多い。匂いを嗅ぐと、少し爽やかなよい香りがする。筆者の住む地域ではアンズタケよりもこちらの方がたくさん採れるため重宝している。見た目もかわいらしい。里山のアカマツ、コナラ林や雑木林で採れる。

● 採れる場所
アカマツ・コナラ林

● 大きさ　傘の直径：1〜3cm
　　　　　高さ：2〜4cm(子実体)

● ひだの付き方　垂生

きのこ界のアルビノ

以前、ベニウスタケやトキイロラッパタケ狙いでアカマツ林を歩いていて、ベニウスタケに交じって生える真っ白なきのこを見つけた。形や匂いなどもまったく一緒だった。アルビノ個体かもしれない。

写真＝ベニウスタケ(典型)

写真提供：(小) 東京きのこ同好会

きのこ

夏〜秋

マリネやサラダの彩りに使える

無味無臭。マリネやサラダの彩りをよくするのに使える。のフォーに似ているため、大量に集めてスープにするのもよさげ。食感がベトナム食材

菌根菌

ベニナギナタタケ
担子菌門・ハラタケ目シロソウメンタケ科

紅しょうがみたいなヒョロ長きのこ

　これがきのこ!?と驚いてしまうかもしれないが、本種もれっきとしたきのこの一種だ。名前は「薙刀（なぎなた）」という、かつて武士の間で使われていた長柄武器が由来。子実体は赤い棒だ。少し白みがかっている個体も多い。非常に脆く少し触っただけでも簡単に折れてしまう。似たきのことして猛毒のカエンタケがあげられるが、カエンタケは肉質が硬く中実で、広葉樹の根元に群生する点が異なる。ただしカエンタケは経皮毒も有しているため、うかつに素手で触ってはいけない。アカマツ・コナラ林やモミ林の地上に散生する。やや寒冷な地域に多い印象。

● 採れる場所
- アカマツ・コナラ林
- モミ・ツガ林

● 大きさ　傘の直径：0.3〜1cm/3〜10mm(子実体の径)
　　　　　高さ：5〜14cm(子実体)

● ひだの付き方　　ー

ただのナギナタタケは黄色
同属のナギナタタケもよく似ている。ベニナギナタタケと同じように数本まとまって発生する。こちらは「紅」ではなく黄色だ。ナギナタタケも可食菌であるため区別せず採取しても問題ない。

写真＝ナギナタタケ

写真提供：(小) Alpsdake

きのこ

夏～秋

菌根菌

一番旨いのは炊き込みご飯

肉が緻密で硬く引き締まっており、柄はまるでアワビのような不思議な食感だ。先端部は鶏肉のような歯ごたえ。炊き込みご飯が一番旨い。

ホウキタケ
担子菌門・ラッパタケ目ラッパタケ科

まるで森の珊瑚（さんご）。不思議な形をした高級きのこ

サンゴ礁のような不思議な形のきのこ。通常のきのこのような傘はなく、ホウキのように細かく分岐する。柄は白くかなり丈夫で硬いが、先端はややピンク色を帯び少し脆い。類似の毒きのこであるハナホウキタケは、先端だけでなく全体がやや濃いピンク色であることと、柄がホウキタケに比べ短いことで判別できる。夏は亜高山帯の針葉樹林、秋は里山の赤松コナラ林に生えることが多い。写真の個体は8月、ウラジロモミの根元に生えていたものだ。大変貴重なきのこで、見つけたときはうれしさのあまり思わずガッツポーズをしてしまった。

● 採れる場所
- アカマツ・コナラ林
- モミ・ツガ林

● 大きさ　傘の直径：12~20cm(子実体の径)
　　　　　高さ：9~15cm(子実体)

● ひだの付き方　—

黄色のホウキタケ売られてた
ホウキタケ類で広く食用とされるのは本種とウスムラサキホウキタケ。しかし中にはトサカホウキタケなど黄色タイプを一度塩漬けにしてから食べる人がいる。まさかのネット販売されているようだ。

写真＝ホウキタケ類(黄色)

きのこ

夏〜秋

柄を串焼きに。炭火焼きで堪能

菌根菌

ムラサキヤマドリタケ
担子菌門・イグチ目イグチ科

本種はとくに「柄」が旨いキノコだ。炭火でじっくりと焼けば、外側がシャキシャキ、中は柔らかくジューシー。輪切りにして牛肉や夏野菜と串焼きに。

穏やかな香りと上品な旨み。紫色のポルチーニ

　ヤマドリタケモドキ、ススケヤマドリタケと並び日本のポルチーニ御三家の一種。傘は暗い紫色で、淡黄色〜クリーム色の斑が入るものも多い。まれに傘全体が黄色の個体も生える。柄は濃紫色で網目状、基部は白くなる。肉は白い。香りはモドキやススケに軍配が上がるが、食感のよさはこちらが勝る。とくに柄は緻密で歯切れがよく、噛んでいるとほんのりと甘みが出てくるよう。

　ブナ科の菌根菌。暖地に多く、クヌギ、コナラの雑木林や、カシ優勢の照葉樹林によく生える。公園のどんぐりの木の下でも見つかる。ちなみに、どんぐりとはブナ科コナラ属の堅果のこと。

● 採れる場所
[シイ・カシ林] [雑木林]
[アカマツ・コナラ林]

● 大きさ　傘の直径：5〜15cm
　　　　　高さ：7〜12cm

● 管孔の付き方　[直生〜上生]

どんぐりの木の下で
ムラサキヤマドリタケは山間部より暖地の都市部の方が高確率で見つかる。以前、関東に行ったとき、シラカシ、クヌギなどどんぐり系の木の下をしらみつぶしに探すと、やはりあった。写真だけ撮った。

253

きのこ

夏〜秋

柄をフリッター、ソテーで味わう

柄がとても硬く引き締まっており、しっとりとした食感だ。本場の北ヨーロッパ風に、柄をフリッターにしたりビスクに入れたりするのもよい。

菌根菌

ヤマイグチ（広義）
担子菌門・イグチ目イグチ科

生食厳禁

シラカバの下に生えるイグチの仲間

傘は初め半球状で、大きくなると扁平形になる。表面は灰褐色〜茶褐色で、白地の柄には黒色〜褐色の粒点が密布しており、上に向かって細くなる。ヤマイグチは細分化すると複数種に分かれるとされるが、いずれも柄に粒々模様があるためすぐにわかる。シラカバやダケカンバなどカバノキ類のまわりに生えるきのこ。日本ではさほど有名でないが、ロシアやフィンランドなど北方の欧州諸国では盛んに食べられている。老菌になると管孔にウジ虫が湧くので、傘の肉が引き締まった幼菌を選んで採るほうがよい。無味無臭。生食すると中毒する。

● 採れる場所
シラカバ林

● 大きさ　傘の直径：5〜8cm
　　　　　高さ：6〜12cm

● 管孔の付き方　上生〜離生

本家ヤマイグチは変色しない
傷つけると下部が青変、上部が赤変するアオネノヤマイグチ、赤変したのちに黒変するイロガワリヤマイグチなど、変色性を持つイグチ近縁種も多い。無印ヤマイグチとされるものは変色しない。

写真＝変色するヤマイグチ属

きのこ

夏〜秋

高級きのこを焼いて食す楽しみ

旨みが強く香りが素晴らしい。幼菌は食感がよいのでそのまま焼くだけでも美味しい。パスタやリゾットに加えれば高級レストランの味だ。

菌根菌

ヤマドリタケモドキ
担子菌門・イグチ目イグチ科

夏のポルチーニ茸。見た目がかわいく食味も優秀

　夏のきのこ狩りといえばやっぱりヤマドリタケモドキだ。傘ははじめこげ茶色で徐々にベージュ色になる。柄には網目模様があり膨らんでいる。ずんぐりむっくりとしたかわいらしい容姿で、きのこ界隈でもかなり人気がある。通称「ヤマモ」。欧米でもっとも人気のきのこ、ヤマドリタケ（英：ポルチーニ、仏：セップ）の近縁種であり、味や香りも似ている。ヤマドリタケより早い夏季に発生するため「サマーセップ」とも呼ばれる。肉は本家に比べて柔らかい。シイ、カシ、ナラ、クヌギなどブナ科の広葉樹の樹下に発生する。7月後半と9月前半に多い。

● 採れる場所
シイ・カシ林　ミズナラ・シラカバ林　雑木林　クヌギ・ナラ

● 大きさ　傘の直径：6〜20cm
　　　　　高さ：10〜18cm

● 管孔の付き方　直生〜上生

昔は「モドキ」でなかった
かつて本種はヤマドリタケ（本ポルチーニ）と混同されていたが、実は欧州産の針葉樹林に発生するものが本ポルチーニと判明し、広葉樹林型のこちらは「ヤマドリタケモドキ」となった。

きのこ / 秋

菌根菌

アカモミタケ
担子菌門・ハラタケ目ベニタケ科

肉の旨みが食感を補う

食感はあまりよくないが、アカハツ同様に刻んで煮て、肉に旨みがあってかなり美味しい。混ぜ飯にしたり、丸ごと天ぷらにする。

モミの木まわりに生えるオレンジ色のきのこ

　全体が鮮やかな橙黄色〜淡いレンガ色。傘は初め饅頭形、成長とともに平らになり、最後は漏斗型に反り返る。表面には薄い輪のような模様があり、柄には浅いくぼみがある。ひだは密。傷つけると橙色の乳液を多量に分泌する。濡れると少しぬめり気が出る。落ち葉の堆積した場所に半分埋まっていることも多く、雨上がりに採る際は大分汚れてしまい掃除が大変だ。同じチチタケ属のアカハツに似ているが、アカハツは本種にない変色性を有する。また、アカハツは早秋に二針葉松のまわりに発生するのに対し、こちらは秋の深まる頃モミ林に発生する。

● 採れる場所
- モミ林
- トドマツ林

● 大きさ　傘の直径：5〜15cm
　　　　　高さ：3〜10cm

● ひだの付き方　直生

アカじゃなくデカモミタケ

アカモミタケではないが、同じようにモミのまわりに生えるモミタケも優秀な食菌だ。結構な大きさに成長するきのこで、マツタケのような形の幼菌は、まるでアワビのような食感だという。

写真＝モミタケ

写真提供：(小)茸本 朗

きのこ

秋

菌根菌

アミタケ
担子菌門・イグチ目ヌメリイグチ科

さっと茹でて冷水で冷ましたあと、胡麻油と醤油を混ぜたタレに付けて刺身風に食べると絶品。普通に味噌汁に入れるだけでも旨い。

「山のレバー」の異名を持つ黄色いきのこ

傘の表面は赤褐色〜黄褐色で、粘性がある。管孔は黄色で、孔口は網目のような独特な形状をしている。柄につばはなく、傘より淡い色。秋雨の時期がくると大量に採れるが、乾燥した傘に落ち葉が貼りついてなかなか取れないので、下処理に苦労する。虫が入りやすく傷みやすいため、状態のよいものを集めるのは大変だ。オウギタケが近隣に発生することがある。加熱すると肉が赤紫色に変色するため、界隈では「山のレバー」と呼ばれ親しまれている。場所によっては夏前にも生える。日本全国で採取され、シバタケ、スイトウシなどの別名がある。

● 採れる場所
　アカマツ林
　クロマツ林

● 大きさ　傘の直径：5〜11cm
　　　　　高さ：3〜6cm

● 管孔の付き方　垂生

降雨後のアミタケは虫の巣窟
雨を被った後のきのこには大量の虫が湧く。とくにアミタケは虫が大好きなきのこで、内部にはウジ虫、管孔には無数のトビムシが潜んでいる。彼らは水分を好むため、雨水を吸ったアミタケは悲惨だ。

きのこ

秋

がんもどきと煮ると旨し

味にクセはなく、舌触りが滑らかで美味しい。味噌汁など定番の食べ方でももちろんよいが、がんもどきと一緒に煮ると旨し。

菌根菌

アミハナイグチ
担子菌門・イグチ目ヌメリイグチ科

主役より一足先に生えるカラマツ林のイグチ

　晩夏のきのこ狩りに行った際、シャカシメジ狙いで山に入った帰りに車に戻ってくると、道端にカステラのような見た目のきのこが大量発生していた。傘は饅頭形〜平らになり、表面は褐色〜赤褐色でフサフサの鱗片に覆われている。切ってみたところ、イグチとしては珍しく柄が中空でマカロニのようだった。

　裏返してみると黄色の管孔が柄に垂生でついている。孔口が広く目の粗いスポンジのよう。カラマツ林で人気のきのこ、ハナイグチより少し早い時期に発生する。傷みが早いので、採取したらその日のうちに調理した方がよい。

● 採れる場所
カラマツ林

● 大きさ　傘の直径：3〜8cm
　　　　　高さ：5〜8cm

● 管孔の付き方　**垂生**

名前も見た目も似てる
後述のベニハナイグチも傘の表面が繊維状の鱗片に覆われており、管孔のアミアミも似ている。ベニハナイグチはアミハナイグチと異なりカラマツ林には生えない。どちらも食べられるので安心。

写真＝ベニハナイグチ

写真提供：(小) 石川県農林総合研究センター林業試験場

菌根菌

ウラベニホテイシメジ
担子菌門・ハラタケ目イッポンシメジ科

きのこ

秋

よく煮込んで苦みを抜く

肉に苦みがあり旨みも薄いが、食感がよいしボリュームが凄い。長時間煮込むと苦みが抜けるので、他のきのこと一緒に鍋にするとよい。

似た毒きのこに注意！ 超デカい、ほろ苦系シメジ

傘ははじめ円錐形で、徐々に平らに開く。表面は灰褐色で、白い絣模様がある。ひだは幼菌時は白色で、成長すると薄いピンク色に。大型になるきのこで、時に直径・高さが20cm近いものも生える。肉には苦みがある。似た毒きのこが多く、誤食事例が非常に多い。代表的な有毒種がクサウラベニタケやイッポンシメジだ。これらのきのこと明確に区別するには、本種の傘に注目。指で押したような丸い跡がついていることが多いのだ（ない場合もある）。この跡があるものだけは確実にウラベニホテイシメジだ。秋、広葉樹林に生える。日当たりのよい斜面に多い。

● 採れる場所　ナラ林

● 大きさ　傘の直径：7~15cm
　　　　　　高さ：10~18cm

● ひだの付き方　湾生

イッポンシメジにご注意を
ウラベニホテイシメジは関東地方の一部で「いっぽんしめじ」と呼ばれ親しまれているが、実はイッポンシメジという正式名称の毒きのこが存在する。傘に指で押したような跡はない。

写真＝ウラベニホテイシメジ

きのこ

秋

クセのない味。スープや味噌汁に

味にまったくクセがなく、わずかにぬめりがある。幼菌はしっかりしているが、成菌は炒めたりすると崩れてしまう。スープや味噌汁に。

寄生菌
オウギタケ
担子菌門・イグチ目オウギタケ科

一見仲よしのアミタケの菌糸を栄養源とする寄生菌

　傘は饅頭形〜平ら、表面は淡紅色で著しく粘性を帯びる。古くなるとしばしば黒褐色のしみができる。ひだはやや疎で厚みがあり、はじめは白色だが古くなるにつれて暗灰褐色になる。柄の上部は白色で綿毛状のつばを有し、下部は薄い紅色、基部は黄褐色。肉は白色で脆く柔らかい。

　かつて本種は二針葉松の菌根菌と考えられていたが、実は、同じ場所に発生するアミタケの菌糸を分解し、それを栄養源にして成長していることが近年になってわかった。夏〜秋、アミタケの発生する赤松林や黒松林の地上に発生する。

● 採れる場所
　アカマツ林
　クロマツ林
● 大きさ　傘の直径：4〜6cm
　　　　　高さ：3〜6cm
● ひだの付き方　垂生

実はイグチに近い仲間
オウギタケの属するオウギタケ科は、実はイグチ目に分類されている。つまりオウギタケはイグチ類の遠い親戚なのだ。広義的な「イグチ」はスポンジ状の管孔を持つ種だけではない。

菌根菌

オオムラサキアンズタケ
担子菌門・ラッパタケ目ラッパタケ科

秋の里山に群生する、紫色したラッパ集団

　全体が淡い紫色〜青紫色で、老成すると褪色して紫褐色になる。肉質は硬く脆い。しわひだを持つ。子実体の形は実にさまざまで、へら型、漏斗型などの傘が寄り集まるようにしてくつ付く。名前に「アンズタケ」とつくが、ラッパタケ属のきのこであり分類学上アンズタケに近い種ではない。秋、アカマツ・コナラ林に発生する。筆者は斜面で見つけることが多い。珍しいきのことされているが、多く生えるところでは毎年大群生が見られる。無味無臭で「大変美味しい」と絶賛するほどではないが、硬いゼラチンのような不思議な食感を楽しめる珍味的なもの。

● 採れる場所
　アカマツ・コナラ林

● 大きさ　傘の直径：5〜10cm
　　　　　高さ：4〜6cm

● ひだの付き方　垂生

なぜか広島で人気
全国的に見てもあまり名のとおっていないきのこだが、広島県では「ミミタケ」という地方名で呼ばれる。筆者が広島県内の産直市場に立ち寄った際、塩漬けのミミタケが本当に販売されていて驚いた。

きのこ

秋

天ぷら、煮物で食感を味わう

香りも味気もないきのこだが唯一無二の食感を楽しめる。筆者の好物はサツマイモ、揚げナスと一緒に甘辛く煮たもの。天ぷら、煮物などもよい。

きのこ

秋

汁物、あえもの、刺身風にしても

ぬめりを生かして汁物にする。茹でて冷水にとって冷ました後、大根おろしであえたり刺身風に食べてみるのもよいだろう。

菌根菌

キノボリイグチ
担子菌門・イグチ目ヌメリイグチ科

イグチのくせして木から生えてくる

傘ははじめ円錐形で、成長すると平らに開く。表面はやや赤みを帯びた黄褐色で鱗片をまとっている。強い粘性があるきのこだ。傷つけると淡紅色に変色し、のちに褐色になる。発生時期がハナイグチの生える時期と被るため間違える人もいるようだが、鱗片の有無で見分けることができる。カラマツの立ち枯れによく生える様子から、「木登りイグチ」と名付けられた。樹上に発生するが菌根菌であり、株を分解しているわけではない。菌糸が朽木を伝って伸びているだけだ。地上にも発生する。体質によってはお腹を下すことがあるので、食べる場合は要注意。

● 採れる場所
カラマツ林

● 大きさ　傘の直径：4~10cm
　　　　　高さ：4~10cm

● 管孔の付き方　直生〜垂生

水玉模様の木登り系イグチ
同じように木から生えるイグチとしてよく知られているのがオオキノボリイグチ。こちらは亜高山帯のモミ・ツガ林に生えるきのこで、暗赤褐色の傘に黄色の水玉模様がある。なかなか見かけない。

写真＝オオキノボリイグチ

写真提供：（大）小倉辰彦、（小）幸徳伸也

寄生菌

クギタケ
担子菌門・イグチ目オウギタケ科

オウギタケの兄弟ともいうべき存在

　傘は暗褐色で円錐形。老成すると中心部が突出した状態で開く。湿ると粘性を有する。ひだははじめ淡褐色で、徐々に暗赤褐色になる。柄は基部あたりで細くなり、黄褐色〜淡赤褐色で、基部には黄色みがある。肉は淡黄色で脆く柔らかい。オウギタケと同じく二針葉松林の地上に発生する。あまり群生せず傷みも早いので、見かけることは多いが採取は見送るという人も多い。本種もかつてはマツ類の菌根菌と考えられていたが、オウギタケと同じくヌメリイグチ属のきのこに寄生していることが判明した。傷みやすいため、採取後は早めに調理する。

● **採れる場所**
`アカマツ林`
`クロマツ林`

● **大きさ**　傘の直径：2〜6cm
　　　　　　高さ：3〜8cm

● **ひだの付き方**　`垂生`

菌根菌？いや寄生菌だ

オウギタケはアミタケの寄生菌だが、実は同じクギタケ属に分類されるクギタケも、ヌメリイグチ属に寄生することが判明している。筆者はアミタケやヌメリイグチの近くでよく見かける。

きのこ

秋

崩れやすいので煮込み、汁物に

味や香りはなく、柔らかな食感。幼菌以外は身崩れしやすいので、シチューやスープ、味噌汁など汁物系の料理に使うのが無難。

きのこ

秋

網焼き、天ぷらで香りと食感を享受

生のまま網焼きや天ぷらにすればほどよい香りと食感のよさを楽しめる。干せば香りが強まり、炊き込みご飯にすれば高級料亭の逸品の完成。

菌根菌

コウタケ
担子菌門・イボタケ目マツバハリタケ科

生食厳禁

香ばしいにおいを放つ、グロテスクな高級きのこ

　傘はじょうご形で、基部近くまで深く窪んだ形をしている。柄は中空。表面に黒褐色の大きなささくれが並び、イボのようになっている。幼菌時は淡褐色で次第に色が濃くなる。ひだや管孔はなく、針状の突起が密集している。柔らかくて触ると気持ちよい。時に信じられないほど巨大化する。秋、アカマツ・コナラ林に発生する。類似種のシシタケは窪みがなく柄が中実。不食のケロウジはより小型でささくれが小さく苦みがあるほか、基部が青色を帯びる。見た目はグロテスクだが非常に香りがよく、高値で取引される。見つかったときのうれしさは半端ない。生食厳禁。

● 採れる場所
アカマツ・コナラ林	
ブナ・ミズナラ林	トドマツ林

● 大きさ　傘の直径：10〜25cm
　　　　　高さ：10〜20cm(子実体)

● ひだの付き方　—

香りを嗅げば君もとりこ
コウタケはマツタケ同様、1〜2本で5千円を超えるような値がつく非常に高価なきのこだ。発生する場所も少な目な狙う人が多いので、見つけた瞬間の高揚感は凄まじい。採って香りを嗅げばキマる。

菌根菌

ゴヨウイグチ
担子菌門・イグチ目ヌメリイグチ科

きのこ
秋

傘のぬめりと柄の食感を楽しむ

身が柔らかく柄は歯切れがよい。ぬめりがあるのでおろしポン酢あえや味噌汁にするとツルっとした傘と柄のシャキシャキ感を楽しめる。

知名度があまりにも低いが、結構美味しい

　きのこの多くは樹木とペアになっており、アカマツはマツタケ、ナラ類ならコウタケ、カラマツはハナイグチ…などと樹木の種類ごとに人気きのこが存在するわけだが、なぜかゴヨウマツにはそのような人気者が存在しない。

　筆者の通う里山にはアカマツやコナラ以外にも、ゴヨウマツの一種であるヒメコマツがたくさん自生している。本種は名前のとおりゴヨウマツのまわりに発生するきのこだ。傘は白色〜黄褐色で粘性があり、柄は白地に紫褐色の粒点が密布する。味にクセがなくぬめりがあって旨い。虫もそこまで付かないが、無名であるためか誰も採らない。

● 採れる場所
ゴヨウマツ樹下

● 大きさ　傘の直径：3〜10cm
　　　　　高さ：3〜5cm

● 管孔の付き方　直生〜垂生

そっくりさんはチチアワタケ
見た目が似ているチチアワタケは二針葉松樹下に発生する。チチアワタケは過食すると中毒することがありあまり食用にされない。本種ではそういった話は聞かないが、近縁種なので注意が必要。

写真＝チチアワタケ

きのこ

秋

腐生菌

サンゴハリタケモドキ
担子菌門・ベニタケ目サンゴハリタケ科

汁物で不思議な食感を楽しむ

柔らかくもっちりしているのに歯切れがいいような、不思議な食感。お吸い物や味噌汁でも、サッと茹でて刺身風でもたいへん美味しい。

針葉樹の枯れ木に生える白いフワフワ

　日当たりが悪く鬱蒼とした森の中、枯れたモミの大木に白くて丸い物体が生えている。とても手の届く高さでなかったため、長い枯れ木を駆使して1つだけ落とすことに成功。質感は柔らかくフワフワ。針状の細かい突起が寄り集まってカリフラワーのような形。老成すると橙色を帯びる。類似のヤマブシタケは針が長く整った球状で、サンゴハリタケは珊瑚のように枝分かれする。いずれも広葉樹の枯木に発生する。情報によると肉は苦みがあるらしいのだが、筆者が試食したところ苦みはまったくなかった。秋、マツ科の針葉樹の枯木に発生する。

● 採れる場所
| 枯木 | モミ、ツガなどの針葉樹 |

● 大きさ
傘の直径：10〜25cm(子実体の径)
高さ：−

● ひだの付き方　　−

サンゴハリタケは珊瑚礁形

先述したサンゴハリタケについてもう少し詳しく。サンゴハリタケは本種に比べて針が長く伸びる。また、本種は比較的分岐が少なく塊になるが、サンゴハリタケは細かく分岐し、本物の珊瑚のよう。

写真＝サンゴハリタケ

写真提供：(小) 東京きのこ同好会

きのこ

秋

炊き込みご飯やホイル焼きで

クセがなくとも歯切れがよい。筆者は鶏肉と無水鍋にしたことがあるが、炊き込みご飯やホイル焼きに。食感がよく本当に旨かった。

[菌根菌]
ショウゲンジ
担子菌門・ハラタケ目フウセンタケ科

マツタケ山では嫌われ者？ アカマツ林に潜む虚無僧

　秋のアカマツ林はさまざまなきのこが狙えるが、ショウゲンジもそのうちの一種だ。幼菌の傘は丸く、まるで虚無僧（むそう）の天蓋のような見た目であり、別名「虚無僧」と呼ばれる。マツタケが生えなくなってきたマツタケ山によく生えるので、マツタケ狩りをする人たちには毛嫌いされているらしいが、ショウゲンジもたいへん美味しい。柄が緻密で歯切れがよく、味もさほどクセはないので食べやすい。場所によっては収穫量もかなり多く、虫もつきにくい。斜面に多く、食べ頃の幼菌は松葉に埋もれているので採取は大変。ツガ林にも発生し、8月初めから採れる。

● 採れる場所
　アカマツ林
　ツガ林

● 大きさ　傘の直径：4〜15cm
　　　　　高さ：6〜15cm

● ひだの付き方　直生〜上生

名前の由来はお寺だった
きのこらしくない名前のショウゲンジ。由来は「性賢寺（正源寺ともいわれる）」という寺の僧侶が初めて食べ、食菌として広まったからだという。俗称「虚無僧」も含め、寺がやたらと絡んでいる。

きのこ

秋

肉厚・好食感。万能に使える

ブナシメジと似た粉っぽさがあるが、肉厚で食感がよい。うどんやお吸い物、味噌汁、焼ききのこなど、さまざまな料理に使える。

腐生菌

シロタモギタケ
担子菌門・ハラタケ目シメジ科

北海道に生えるブナシメジの兄弟

　ブナシメジを白くしたような見た目の大型きのこ。幼菌時、傘は丸山形で成長すると平らになる。表面は灰白色〜クリーム色だが、まれに色の濃い褐色気味の個体も生える。乾燥すると表皮がひび割れる。ひだや柄も似たような色をしている。近縁種のブナシメジには傘に大理石模様がある。このきのこはニレ属の枯木にばかり生える。北海道にはハルニレが多く自生しており、その倒木から生えていることが多い。本州以南にはハルニレをはじめとするニレ属があまり自生していないため、北海道以外ではまず見られない。発生時期は秋。

● 採れる場所

| 枯木 | ハルニレなど |

● 大きさ　傘の直径：5~12cm
　　　　　高さ：3~8cm

● ひだの付き方　直生〜湾生

同じ木に生えるタモギタケ
北海道名物のきのこには、シロタモギタケ以外にもタモギタケがある。美しい黄金色でヒラタケに近い種。独特な香りがある。単発で生えるシロタモギタケと違って、かなり立派な群生となる。

写真＝タモギタケ

きのこ

秋

シロヌメリイグチ
担子菌門・イグチ目ヌメリイグチ科

菌根菌

味は悪くないが傷みやすいのが玉に瑕

カラマツ林の人気者、ハナイグチが採られまくっている中、このきのこについてはほとんどの人がスルーしてしまう。ぬめりのある傘は若いうち茶褐色で、徐々にひび割れて汚白色になる。柄は白くつばがある。肉には青変性がある。裏返して管孔を見ると、孔口が広くまるでスポンジのよう。ハナイグチと同じヌメリイグチ科で、発生時期も環境も同じ、さらに採れる量もほぼ一緒だ。味はハナイグチよりクセが少ない程度で普通に美味しいきのこなのだが、傷みやすいためか人気度はいまひとつ。「ハナイグチがあるから」と相手にされないのだ。

● 採れる場所
カラマツ林

● 大きさ　傘の直径：5~12cm
　　　　　高さ：5~8cm

● 管孔の付き方　直生～垂生

食べすぎには注意
シロヌメリイグチは他のヌメリイグチ類と同じく、管孔と表皮の消化が悪い。そのため、まれではあるが過食すると中毒することがあるようだ。この点でもハナイグチに軍配が上がる。

汁物や鍋物、おろしあえ

ヌメリイグチ系は大体同じような食べ方になる。汁物や鍋物、おろしあえが無難。傘は柔らかく柄がシャキシャキしている。

きのこ

秋

朴葉味噌にして匂いを消して

柄の食感が非常によい。特有の香りのせいでさほど人気はないようだが、朴葉味噌のような濃い味付けの料理では匂いを感じない。

菌根菌

ナガエノスギタケ
担子菌門・ハラタケ目ヒメノガステル科

モグラのトイレに生える珍しいきのこ

　里山のアカマツ・コナラ林の尾根を歩いていると、マッシュルームのような姿形のきのこが数本顔をのぞかせていた。触るととても硬くて引き締まっている。掘り起こしてみると、柄の下部が細い根のような形でずっと奥まで続いているのがわかった。これを辿っていくとモグラの便所跡や巣につながるという。匂いを嗅いでみると、針葉樹のような不思議な香りがした。モグラの巣の跡、なおかつ菌根菌でもあるという、なかなか生育環境の条件がシビアなためか珍菌とされる。毎年同じ場所に生えるので、一度見つけたらしばらくはその場所で収穫できる。

● 採れる場所
> モグラの便所跡

マツ・ナラ・ヤナギ林

● 大きさ　傘の直径：5~15cm
　　　　　高さ：8~15cm

● ひだの付き方　直生~上生

また別の便所跡系きのこ
ナガエノスギタケの奥に映っている赤紫色のきのこはオオキツネタケという。オオキツネタケもナガエノスギタケと同じアンモニア菌で、動物の便所跡によく生える。これも同定の手がかりとなる。

写真＝オオキツネタケ

腐生菌

ニカワハリタケ
担子菌門・キクラゲ目ヒメキクラゲ科

きのこ

秋

> フルーツポンチが斬新かつ美味
>
> 黒蜜きな粉もよいが、茹でてから蜂蜜レモンに漬け込みサイダーと好みの果物を入れて混ぜて作るきのこ入りフルーツポンチも斬新かつ大変美味。

針葉樹の枯れ木に生える猫の舌

　秋、マツやモミなどの針葉樹の朽木から発生するプルプルのきのこ。肉は半透明でゼラチンのように柔らかい。ひだはなく、代わりに短い針状の突起が無数に並んでおり、触ると少しザラザラして気持ちよい。非常に愛らしい見た目のきのこだ。「猫の舌」とも呼ばれる。

　針葉樹の枯れ木から生えるきのこは数少ない上に、食べられるというのもうれしい点だ。基本無味無臭だが、個体によっては少々きのこ臭さを感じることがある。こちらもゴムタケ類と同様に、普通に食べてもさほど美味しくはない。食事でというより、スイーツ系きのこだ。

● 採れる場所
　枯木　マツ、モミ、スギなど針葉樹

● 大きさ
　傘の直径：2~4cm(子実体の径)
　高さ：1~1.5cm(子実体の厚み)

● ひだの付き方　—

山では常に危険と隣り合わせ

カラマツ林でニカワハリタケを採取していたとき、突然樹上から何かが降ってきた。はじめは枯れ枝か何かだと思ったが、なんと子熊だった。即刻その場を離れて難を逃れた。近くには母熊もいたのだろう。

きのこ

秋

香辛料を効かせて鶏手羽元の鍋

風味にまったくクセがなく歯切れがよい。よい出汁も出るので汁物や鍋物にも合う。香辛料を効かせた手羽元入り無水鍋を作ったときは本当に感動した。

菌根菌

ニセアブラシメジ
担子菌門・ハラタケ目フウセンタケ科

「偽」と呼ぶにはもったいないくらいに美味しい

　傘は淡黄色〜黄褐色で、饅頭形から平らになる。湿ると強い粘性を帯びる。本種をはじめ、フウセンタケ科のきのこは柄に綿毛状のつばを持つものが多い。ひだは白色の茶や褐色。別名クリフウセンタケ。秋、コナラやミズナラなどの広葉樹林に群生する。

　「偽」アブラシメジだが、本種はアブラシメジ以上に価値のあるきのこだと思う。肉は緻密で柔らかく歯触りがよいし、味にまったくクセがなく食べやすい。大量発生するため収穫量も多い点も評価できる。筆者の好きなきのこランキングでもトップ5にランクインする。虫食いだらけなのが難点。

● 採れる場所
- アカマツ・コナラ林
- ブナ・ミズナラ林

● 大きさ　傘の直径：4〜8cm
　　　　　高さ：6〜10cm

● ひだの付き方　 直生〜上生

スポッと抜けたらOK

フウセンタケ系のきのこは似たような見た目の類似種が多く見分けが難しい。筆者独自の見分け方だが、黄色くて、採取の際にスポッと簡単に引っこ抜けるのはニセアブラシメジだ。

きのこ

秋

澄まし汁でプルプル感を堪能

意外と大きいので食べごたえがある。プルプルで舌触りがよいため、お吸い物や澄まし汁に入れるとよい。まるでクラゲが泳いでいるようでかわいい。

腐生菌

ヌメリツバタケモドキ

担子菌門・ハラタケ目タマバリタケ科

ブナ林に生えるお餅みたいなきのこ

　傘は白色～やや透明で柔らかく、粘性がある。柄は見た目に反してかなり硬く丈夫で、モチモチした傘が雨水の重みでぐったりしているのに柄だけはピンピンしているという、アンバランスな状況になっていることも多い。ひだは密でシワシワしている。

　このシワがないものが本家のヌメリツバタケ。また、ヌメリツバタケはさまざまな広葉樹に生えるが、ヌメリツバタケモドキはとりわけブナに発生する点も異なる。腐りやすいため採取できる期間が短く、保存もきかない。無味無臭。春～秋、とくに秋雨の頃ブナ林に見られる。

● 採れる場所　枯木　ブナ

● 大きさ　傘の直径：3～5cm
　　　　　高さ：3～4cm

● ひだの付き方　湾生～直生

ひだを撫でると気持ちよい

最初ヌメリツバタケを触ったとき、ずいぶんと厚みのあるきのこだなと思った。しかし実際には、肉ではなくひだの層の厚みだった。ツルツルの傘もよいが、筆者はひだの感触がとくに好きだ。

273

きのこ

秋

有毒成分の旨みは炭火焼で味わう

食感がよく、強い旨みがある。そのまま炭火で焼いて食べると、イボテン酸の旨みが楽しめる。汁物や鍋物もよい。だが過食は避けるように。

菌根菌

ハエトリシメジ
担子菌門・ハラタケ目キシメジ科

名前どおり、ハエを退治してくれるシメジ

傘は円錐形で中央が尖っている。表面は淡黄色〜中央に向かって暗緑色で、白く粉を吹いたような雰囲気がある。柄は白い。このきのこを焼いて水に浸しておいておくと、ハエが寄ってきてそのまま死んでしまう。これは本種が微量に含んでいる成分、イボテン酸の作用だ。イボテン酸といえば毒きのこの代名詞、ベニテングタケの有毒成分だが、本種には微量にしか含まれないため食用にできるとされている。だが過食すると中毒する。イボテン酸は有毒成分であると同時に旨み成分でもある。このきのこもたいへん美味しい。秋、広葉樹林に発生。

● 採れる場所
アカマツ・コナラ林

● 大きさ　傘の直径：4〜6cm
　　　　　高さ：6〜8cm

● ひだの付き方　湾生

匂いキツめなミネシメジ
同じ時期に生えるミネシメジも、見た目が結構似ている。傘はオリーブ色〜黄色〜暗緑色。ハエトリシメジよりひだが疎。石鹸のような不快臭があり、しかも微弱な毒成分を含むので食用に値しない。

写真＝ミネシメジ

菌根菌

ハツタケ
担子菌門・ベニタケ目ベニタケ科

きのこ

秋

アカハツと一緒に混ぜご飯にしても

こちらもアカハツと同じく、刻んで醤油・砂糖・酒・みりんで甘辛く味付けて混ぜご飯に。アカハツと一緒に混ぜてもよい。

見た目は悪いが香りが素晴らしいきのこ

早秋のマツ林に赤褐色の背の低いきのこがポコポコと生えてくる。触れるとその箇所が青緑色に変色して、なんだか不気味だ。赤紫の液も出てくる。だが、鼻を近づければその香りのよさに驚くこと間違いなしだ。透き通るような爽やかな香り、とてもきのこから発せられるものとは思えない。類似のアカハツと混在している場合が多いが、アカハツのひだは橙色であるのに対し、本種は赤紫色である。個人的にはアカハツに軍配が上がるが、こちらも十分よい香りがする。マツタケ山のような深い山には生えない。登山道や庭園、マツの植栽付近の芝生などに散生。

● 採れる場所
- アカマツ林
- クロマツ林

● 大きさ　傘の直径：5~10cm
　　　　　高さ：2~5cm

● ひだの付き方　直生〜垂生

ベニタケに多い「ハツ」とは

ハツタケは漢字で書くと「初茸」。きのこ狩りのシーズンの一番初めに出てくるきのこということだ。ハツタケはベニタケ科であり、同系統のきのこに「ハツ」という名前がつくものも多い。

写真＝ハツタケ（左）、アカハツ（右）

きのこ

秋

和食系に合う。ほうとうが絶品

鍋、けんちん汁、味噌汁、おろしあえなど、さまざまな和食に利用される。山梨県の郷土料理「ほうとう」にハナイグチを入れたものは絶品だった。

菌根菌

ハナイグチ
担子菌門・イグチ目ヌメリイグチ科

カラマツ林の超人気きのこ。ヌメリイグチ系の代表種

　カラマツ林に生えるきのこといえばハナイグチ。初めは半球形の傘が、成長するとだんだん平らになっていく。表面は赤褐色〜橙褐色で、強い粘性がある。肉は黄色で柔らかい。傷つけるとやや青変する個体があるが、しないものが多い。管孔は黄色で老成するとくすんでくる。

　ヌメリイグチ類ではもっとも人気がある。地方名も多く、長野では「ジコボウ」、北海道では「ラクヨウ」と呼ばれ熱愛される。味は至って普通のヌメリイグチ系といったところだ。老菌の管孔は消化が悪いため、なるべく若いものを選んで食べるとよい。

● 採れる場所
　カラマツ林

● 大きさ　傘の直径：4〜12cm
　　　　　高さ：5〜7cm

● 管孔の付き方　直生〜垂生

北海道には生えていなかった

北海道で一番人気のきのこであるハナイグチ。先述のとおりカラマツ林にしか生えないが、実は北海道にカラマツは元々自生しておらず、開拓時代に本州から持ち込まれた。いわば国内外来種だ。

きのこ

秋

胡麻油で炒めて甘辛い味付けで

柔らかくツルっとして舌触りがよい。味にクセはない。筆者は胡麻油で炒め、醤油・砂糖で甘辛く味付けてご飯に乗せて食べるのが好きだ。

菌根菌

ハンノキイグチ
担子菌門・イグチ目イグチ科

ハンノキのまわりにだけ生えるイグチの仲間

　傘ははじめ饅頭形で徐々に平らになる。傘は褐色〜黄褐色でくすんでおり、乾燥時はビロード状で濡れると粘性を帯びる。垂生の管孔はきれいな曲線を描いて柄につくため、見ればすぐにハンノキイグチだとわかる。また、柄が端に寄っている個体が多い。傷つくと素早く青変する。ハンノキの菌根菌なので、このきのこを見つけるにはハンノキを探せばよい。沢沿いや河川敷など、水気の多い場所でよく見られる。ハンノキまわりに出るきのこがそもそも限られており、特徴的な外見をしているので間違える心配もない。初心者の方にもおすすめできる食用きのこだ。

● 採れる場所
ハンノキ樹下

● 大きさ　傘の直径：5〜12cm
　　　　　高さ：4〜8cm

● 管孔の付き方　垂生

ハンノキ＝ハンノキイグチ

アカマツはマツタケやショウゲンジ、アミタケ、コナラはシャカシメジやタマゴタケなどさまざまなきのこと菌根を結ぶ。だがハンノキの場合、ハンノキイグチ以外まったく聞いたことがない。不思議だ。

きのこ

秋

肉と炒めて旨みを吸わせる

まるで肉のような変わった食感。きのこ自体に味はないが、炒め物や炊き込みご飯など、豚肉や牛肉と炒めると旨みを吸って美味しくなる。

腐生菌

ブナハリタケ
担子菌門・タマチョレイタケ目シワタケ科

ブナの木に大量発生する甘い香りを放つきのこ

秋にブナの枯木にびっしりと生えるきのこ。全体が白色〜クリーム色で、柄は片側につくが短すぎてほぼわからない。こちらのきのこも柔らかい針状の突起を持つ。肉質は強靭で、水を吸った個体を絞っても壊れない。とてつもない数が生えるうえに香料のような甘い香りを放つため、発生個所の一帯には甘い匂いが充満しており、近づくだけで「ブナハリタケがある」とすぐに気づく。原木栽培も可能で、ブナやカエデ以外にも、ハンノキやナラ、白樺などさまざまな広葉樹が利用できる。収穫量も大変多く、安定して発生するためかなりおすすめ。

● 採れる場所
枯木
ブナ、カエデ、ナラなどの広葉樹

● 大きさ　傘の直径：2〜5cm
　　　　　高さ：ほぼない

● ひだの付き方　—

ブナノカとスギノカ
とくにブナ林の多い東北地方で親しまれているきのこで、「ブナノカ」と呼ばれている。ちなみに「スギノカ」も存在する。こちらは杉から生えるスギヒラタケのことだが、現在は有毒種扱いだ。

写真＝ブナハリタケ

きのこ

秋

幼菌はソテーなど、
老菌は味噌汁で

味にクセはなく、柄の歯切れがよい。幼菌はソテーやパスタ、シチューなどに合う。老菌は味噌汁に入れて柔らかい傘を楽しむのがよい。

菌根菌

ベニハナイグチ
担子菌門・イグチ目ヌメリイグチ科

ゴヨウマツの近くに生えるモフモフのイグチ

　ゴヨウマツに生えるきのこはゴヨウイグチだけではない。種類数は少ないが、ベニハナイグチもそのうちの一種だ。傘は成長にともない半球形から扁平へと変化、表面は赤褐色〜褐色で細かいささくれがたくさんありモフモフしている。かわいい見た目のきのこだ。ヌメリイグチ系のきのこだが傘に粘性はない。傷つくとゆっくりと黒変する。管孔は黄色で孔口は広く多角形。ゴヨウマツのほかにも、ツガや赤松のまわりにも発生する。クセがなくて美味しいし、それなりの数生えるのだが、虫がつきやすく傷みがとても早い。膜が破れる前の幼菌を選んで採った方がよい。

● 採れる場所
| ゴヨウマツ樹下 |
| アカマツ林 | ツガ林 |

● 大きさ　傘の直径：5〜10cm
　　　　　高さ：3〜8cm

● 管孔の付き方　垂生

唐松林のベニハナイグチ

似たきのこのカラマツベニハナイグチは、その名のとおりカラマツ林内に発生する。また、傘の色がベニハナイグチと比べてやや明るいので、そこも見分けのポイントだ。老菌の方が見分けやすい。

写真＝カラマツベニハナイグチ

きのこ

秋

香りをどうするか。定番は揚げ物

謎の香りがあり、好みは分かれる。定番のレシピはフライや天ぷらなど揚げ物だ。青のりをまぶして磯部揚げにするのもよい。トマト煮も。

腐生菌

マスタケ

担子菌門・タマチョレイタケ目ツガサルノコシカケ科

生食厳禁

マツタケじゃないよ！マスタケだよ！

　マスタケを採った話をすると、「え、マツタケ採れたの？」とよく驚かれる。違う、マツじゃなくてマスだ。魚の鱒の切り身のような鮮やかな乾鮭色のきのこ。秋、広葉樹の枯木に折り重なるようにして発生する。見た目に完全にサルノコシカケなので硬そうに見えるが、つまんでひねるだけで簡単に割れる。幼菌時はシロカイメンタケと似るが、力を加えても割れずにグニャリと曲がるのですぐにわかる。筆者は過去に間違えてシロカイメンタケを食べたが、独特な臭気と酸味があり不味かった。耳たぶくらいの柔らかい幼菌は食用になるが、生食すると中毒する。

● 採れる場所
立木、倒木
マツ、モミなどの針葉樹

● 大きさ　傘の直径：15〜40cm
　　　　　高さ：1〜2.5cm(子実体の厚み)

● ひだの付き方　—

針葉樹型は裏面の色が違う

針葉樹の枯木に発生するミヤママスタケは長らくマスタケと混同されてきた。マスタケと違うのは傘の裏側の色。マスタケは白〜クリーム色だが、ミヤママスタケは傘と同色〜鮮黄色だ。

写真＝マスタケ（広葉樹生）

きのこ

秋

菌根菌

マツタケモドキ
担子菌門・ハラタケ目キシメジ科

見た目はマツタケだが香りなし！ 残念なきのこ

　ショウゲンジ探しで急斜面の若いアカマツ林を歩いていたら、マツの落葉の間からマツタケのような見た目のきのこが見えた。ハッとしてすぐに採取してみる。そのきのこの色合いを見て歓声を上げそうになったが、マツタケにしてはやけに小さい。香りをチェックしたところ、ほのかに針葉樹のような匂いがしたがマツタケ臭ではない。残念、モドキだった。本家に比べて小型で傘の鱗片が細かい。また、マツタケよりも時期が少し遅い。名前のせいで本家と比較され蔑まれるが、食感がよく美味しいきのこだ。マツタケと思わず、雑きのこの一種として楽しむのがよい。

● 採れる場所
アカマツ林

● 大きさ　傘の直径：4〜10cm
　　　　　高さ：3〜10cm

● ひだの付き方　湾生

近年注目されつつある近縁種
広葉樹林に発生するやや小型のバカマツタケもマツタケのそっくりさんだ。こちらはマツタケモドキと違ってマツタケ様の香りがあるため、マツタケの代替品として重宝されている。近年、栽培に成功した。

写真＝バカマツタケ

かさ増し要員で松茸ご飯に採用

味にクセはなく歯切れがよいのでどんな料理にも使える。松茸ご飯にかさ増し要員として入れると、多少香りもついてよいだろう。

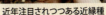

写真提供：(小) 葦本 朗

きのこ

秋

干して香りを増す。ソテー、パスタに

食感がよい。このこも干すことでよい香りが生まれる。しかしトキイロラッパタケと違い褐色して見た目が悪くなる。ソテー、パスタなど。

菌根菌

ミキイロウスタケ

担子菌門・アンズタケ目アンズタケ科

欧州で大人気！貧弱だがよい香りがするきのこ

　傘は緑褐色～淡黄土色で柄は汚黄色。アンズタケに近い種でしわひだを有する。トキイロラッパタケの色違いのような雰囲気だ。小さくて頼りない見た目だが、トキイロラッパタケ同様、肉は意外と丈夫で簡単には壊れない。日本ではまったくといってよいほど知られていないが、欧州ではたいへん人気で、秋～冬にかけて採取される。これは、ヨーロッパ人がアンズタケ系統のきのこを好み、針葉樹林帯が広く分布しており身近な環境でたくさん収穫できるためであると考えられる。秋～晩秋、アカマツ、ゴヨウマツ、モミ、ツガなどの針葉樹のまわりに発生する。

● 採れる場所
アカマツ・ゴヨウマツ樹下
ツガ林

● 大きさ　傘の直径：2～5cm
高さ：5～8cm(子実体)

● ひだの付き方　垂生

「幹色」を知るきっかけ

ミキイロウスタケの「幹色」だが、筆者はこのきのこの名前で初めて聞いた色だった。実際の幹色はやや黄みがかった薄茶色といった感じだ。きのこを調べていると、色の和名にも詳しくなれそうだ。

きのこ

秋

腐生菌

ムキタケ
担子菌門・ハラタケ目ガマノホタケ科

山のフカヒレ。ゼラチン質の傘が美味しいきのこ

　晩秋きのこの一種として有名なムキタケ。傘の表面には微毛が生えており、淡黄色〜淡黄褐色。ひだは密でやや黄色味を帯びる。表皮をこすったり、基部から引っ張ったりすると簡単にむける。表皮下にゼラチン質の層があり、茹でるとトロッとしてまるでフカヒレのような感触になる。そのため巷では「山のフカヒレ」と呼ばれている。よく誤認されるツキヨタケは、割いて黒いシミがあるかどうかでチェック。類似種のオソムキタケは緑色〜紫色で、11月頃に生える。ナラ、ブナ、ハンノキ、シナノキなど広葉樹の枯木に重なるようにして発生する。

● 採れる場所
　枯木
　ナラ、ブナ、シナノキなどの広葉樹

● 大きさ　傘の直径：5〜20cm
　　　　　高さ：1〜3cm

● ひだの付き方　直生〜垂生

火傷に気をつけて食べよう
日本全国各地で親しまれており、「カタハ」や「ノドヤキ」と呼ばれる。カタハはヒラタケなど平たい系全般に用いられる。ノドヤキは、熱々のムキタケが喉に滑り込んで火傷するということ。

フカヒレとして使う。火傷注意

フカヒレ風に、中華あんかけやスープするのもよし、定番の鍋や味噌汁でもよし。ただし、喉にツルッと流れ込むので火傷に注意だ。

283

きのこ

秋

定番は汁物・鍋物、マリネで色を賞味

味にクセがなくぬめりのあるきのこなので、汁物や鍋物の定番。きれいな紫色を生かし、さっと茹でてマリネにするのもよい。

菌根菌

ムラサキアブラシメジモドキ
担子菌門・ハラタケ目フウセンタケ科

名前も見た目も毒々しいが、実は食べられる

幼菌の傘は饅頭形で、成長するにつれて平らになる。色は青紫色〜藤色で、傘中央部がとくに濃い色をしている。表面には強い粘性がある。ひだは初め淡青紫色で、徐々に褐色になる。若いとき、ひだは薄い膜で保護されており、成長して膜が破れると柄に褐色のつばが残る。名前が長くて覚えにくい。見た目も「THE毒きのこ」といえる不気味な紫色なのだが、実はクセがなく美味しいきのこだ。肉は柔らかく脆い。小型だがあちらこちらにまばらに生えてくるので、採りだすと結構な収穫量になる。秋、ブナやコナラ、ミズナラなど、ブナ科の広葉樹の下に発生。

● 採れる場所
アカマツ・コナラ林

● 大きさ　傘の直径：2〜5cm
　　　　　高さ：4〜7cm

● ひだの付き方　直生〜上生

ヤバいと思ったら飲み込むな

この手の仲間は類似種が多く、肉眼ではっきりと見分けるのは困難だ。以前、傘や柄、ひだの色、つばの構造も同じで、基部がやけに太い個体を見つけ試食した。非常に苦く、あきらかに別種だった。

菌根菌

ムラサキナギナタタケ
担子菌門・ハラタケ目シロソウメンタケ科

まるで触手。クロマツ林に群がる棒みたいなきのこ

先に紹介したベニナギナタタケの近縁種。こちらは紅色ではなく紫色で、老成すると褐色を帯びる。ベニナギナタタケは4〜5本まとまって生えるが、本種は数十本単位で列をなして群生する。まるで森が変な触手を伸ばしてこちらに襲いかかってきているかのようだ。本種もベニナギナタタケと同じように可食である。あちらと違って猛毒カエンタケと誤認する恐れがないので安心だ。

収穫できる数も多い。基本的にクロマツ林のやや苔むした地面に生えるが、しばしばアカマツ林にも生える。下草の少ない場所を好むようだ。

● 採れる場所
クロマツ林　アカマツ林

● 大きさ
傘の直径：0.2〜0.5cm/2〜5mm(子実体の径)
高さ：3〜12cm(子実体)

● ひだの付き方　　―

先述の近縁種とは形が違う
近縁のナギナタタケやベニナギナタタケは、子実体がところどころで屈曲し捻転しているが、ムラサキナギナタタケは真っすぐできれいな円柱状である。他種と違い1カ所でたくさん採れるのがうれしい。

きのこ／秋

ベニナギナタタケと一緒にスープに

色が違うだけで、食感や味(無味)はベニナギナタタケとまったく一緒だ。2種を混ぜてスープにすると面白いかもしれない。

きのこ

秋

お吸い物で針がユラユラ

無味無臭だが、まれにやや苦いものも。一口大に分けてお吸い物にする。箸でつつくと針がユラユラしてかわいい。何とも表せない不思議な食感だ。

腐生菌

ヤマブシタケ
担子菌門・ベニタケ目サンゴハリタケ科

幻のフワフワきのこ。天然物は激レア

晩秋のブナ林、以前、マイタケ探しで目をつけていた太いミズナラの巨木に、何やら白くて丸いものが生えているのに気づいた。「まさか」と思いつつ駆け寄ると、やはりヤマブシタケだった。乳白色の針が下向きに並んで球体のようになっている。成長すると針が長く垂れ下がる。名前は山伏が身に着けている「梵天(ぼんてん)」に似ていることにちなんでいる。サンゴハリタケモドキと似ているが、本種は広葉樹から発生し、より球に近い形になる。英語圏では「ライオンの鬣(たてがみ)」と呼ぶ。栽培品が市販化され目にする機会は多くなったが、天然物にはめったに出会えない。

● 採れる場所
立木、枯木
ブナ・ミズナラなどの広葉樹

● 大きさ　傘の直径：5~10cm(子実体の径)
　　　　　高さ：-

● ひだの付き方　　-

原木栽培は可能だが…
ヤマブシタケも原木栽培が可能だが、シイタケやナメコと違って難易度が高い。雑菌に弱いので、培養袋に入れた原木を熱消毒し、無菌状態にしてから植菌する。一般家庭ではとてもできない。

きのこ

晩秋

丸ごと使って傘の食感を堪能

ムキタケより小型だが、その分丸ごと使っても味が染みやすく勝手がよい。ゼラチン質の傘はツルッとしていて舌触りがよく、汁物やあんかけに合う。

オソムキタケ
担子菌門・ハラタケ目ガマノホタケ科

腐生菌

遅くに生えてくる小さなムキタケ

半円形の傘はオリーブ色〜暗褐色で、表面は微毛で覆われている。湿ると粘性を帯びる。ひだは密で白色〜橙白色。柄は太短く微毛を有し、基本的に傘の片側につく。肉は白色で、古くなると橙色〜褐色になる。傘表皮下にゼラチン層を持ち、表皮は剥がれにくい。よく似たムキタケは子実体がより大きく厚みがあり、傘の色は汚黄色〜黄褐色。本種はムキタケの発生が終わる10月後半頃に発生が始まる。晩秋、ブナやコナラ、ハンノキ、サクラなど広葉樹の枯れ木に発生する。大きくなるまでに時間がかかるため、意外にも虫食い率が高い。

● 採れる場所
枯木
ブナ、ナラ、ハンノキなど広葉樹

● 大きさ 傘の直径：3〜11cm
高さ：0.5〜2cm

● ひだの付き方 直生〜垂生

少し苦いかもしれない
オソムキタケには苦みがあるといわれているが、今まで食べてきたものはまったく苦みがなかった。だが家内が試食した際に「少し苦い」という声が上がった。苦みの感じ方は個人差がありそうだ。

きのこ

晩秋

さっと湯がいて色味を楽しむ

ぬめりを生かした汁物はもちろんのこと、さっと湯がいて酢の物やおろしあえなどでは美しい色味が残って、食卓を彩ってくれる。

菌根菌

キヌメリガサ
担子菌門・ハラタケ目ヌメリガサ科

カラマツ林のきのこ狩りを締めくくる、小さなきのこ

ハナイグチの時期が終わるとカラマツ林にはめっきり人が入らなくなるが、そんな晩秋のカラマツ林にポツポツと姿をみせるのがキヌメリガサ。傘は幼菌時はやや中央が尖った饅頭形で、成長すると平らに近い形になる。傘の色は黄色で、中央が橙色になるものもある。ひだは白色で黄色に縁取られる。柄は上部が薄ら黄色だが全体的に白く、不完全なつばがある。柄、傘ともに強い粘性がある。肉は柔らかく脆い。晩秋、落葉シーズンのカラマツ林に発生するため、ぬめりのある傘にカラマツの落ち葉が大量について取り除くのに苦労した覚えがある。

● 採れる場所 　カラマツ林

● 大きさ 　傘の直径：3~4cm 　　　　高さ：5~10cm

● ひだの付き方 　垂生

根気よく採ろう
キヌメリガサは小さく、ぬめりもあって採るのに苦労するきのこだ。採取に根気が必要であるということから、「根気茸」とも呼ばれている。この時期生えるきのこは貴重なので皆頑張って採る。

きのこ

晩秋

食感・旨みが抜群。どんな料理にも◎

たいへん食感りよいきのこで、旨みも強い。炊き込みご飯やチャーハン、天ぷら、味噌鍋などどんな料理に入れても存在感を発揮する万能きのこだ。

腐生菌

クリタケ
担子菌門・ハラタケ目モエギタケ科

切り株に群生する栗色の晩秋きのこ

　傘は赤茶色～焦茶色で、はじめ饅頭形、成長すると平らになる。縁は少し色が薄く、綿毛に覆われている。乾燥するとひび割れる。ひだは密で、白色のち暗褐色になる。柄は上部が白色で下部に向かって褐色。傘は脆く、柄は繊維質で硬い。菌糸束と呼ばれる根のようなものを張り巡らせ、地中でぶつかった木の根や切り株から発生する性質がある。晩秋、地上の倒木や切り株に束生する。ナラ類やクリ、サクラなど広葉樹だけでなく、アカマツやカラマツなどの針葉樹からも発生する。原木栽培も可能で、他種とは違い榾木を寝かせて埋める形で管理する。

● 採れる場所
　枯木
　ナラ、ブナ、クリ、サクラ、アカマツなど

● 大きさ　傘の直径：3～8cm
　　　　　高さ：5～10cm

● ひだの付き方　直生～垂生

運命の出会い
高校生の頃、登山中にかわいらしいきのこを見つけた。調べると食用のクリタケだった。バターで炒めて試食し、あまりの旨さに絶句したのを覚えている。そこで筆者はきのこ沼に落ちたのだ。

289

きのこ

晩秋

余ったら干して保存するとよい

肉に弾力があって歯切れがよい。煮物や汁物、炒め物など、何でもイケる。傘が脆いので茹でこぼすと使いやすい。余ったら干して保存可能。

菌根菌

シモフリシメジ
担子菌門・ハラタケ目キシメジ科

霜が降りる頃に生える旨いシメジ

　晩秋から初冬にかけて発生する小型のシメジ。傘は円錐形で中心が突出しており、徐々に平らに近づく。湿っていると若干粘性がある。表面は淡い灰色で、中央部は帯青黒色。肉は厚く、白色〜やや黄色。ひだはクリーム色でやや疎。柄は下部に向かって少し太くなり、若干黄色を帯びている。アイシメジに似るが、本種は傘が黄色を帯びない。発生時期に関しても、アイシメジが9月に多く生えるのに対し本種は11月〜12月によく生える。他のきのこがなかなか採れない初冬まで発生するありがたいきのこ。マツ科の針葉樹やブナ科の広葉樹のまわりに発生する。

● 採れる場所
| アカマツ・コナラ林 |
| モミ林 | ブナ林 |

● 大きさ　傘の直径：4〜10cm
　　　　　高さ：5〜12cm

● ひだの付き方　湾生〜離生

有毒ネズミシメジにご注意を
毒きのこのネズミシメジと間違えやすい。両者の形はかなり似ているが、ネズミシメジは全体が黒〜灰白色で、シモフリシメジのような黄色っぽさがない。毒きのこ編でより詳しく説明している（P311）。

写真＝ネズミシメジ

290　写真提供：(大) Sutorius / Adobe Stock

腐生菌

シロナメツムタケ
担子菌門・ハラタケ目モエギタケ科

見た目は地味だが、意外と知名度の高い晩秋きのこ

傘は若干褐色を帯びた白色で、縁に鱗片がつく。湿ると粘性を帯びる。柄はささくれており、下部が茶褐色。晩秋になって気温が落ち込むと、針葉樹、広葉樹の埋もれ木や朽木から発生する。晩秋きのこは腐生菌や木材腐朽菌がほとんどで毎年たくさん採れるため、きのこ狩りツアーもこのタイミングで開催されることが多い。そういう意味では比較的馴染み深いきのこのひとつかもしれない。地味な割に採る人も結構多いのだ。同時期には間違えやすい毒きのこもないので、初心者にもおすすめできる。類似種のキナメツムタケやチャナメツムタケも可食。

● 採れる場所
ブナ・ナラ林　カラマツ林
マツ・モミ・ツガ林

● 大きさ　傘の直径：3〜9cm
　　　　　高さ：3〜9cm

● ひだの付き方　直生〜湾生

グーグルレンズは偉大

シロナメツムタケも筆者にとって思い出深いきのこだ。クリタケを採取した帰り道、朽木からポツンと1本だけ生えていた。当時は見当もつかなかったので、グーグル様の力に頼り名前を導き出した。

きのこ

晩秋

独特の風味を汁物で味わう

土っぽさと爽やかさが混在する独特な風味がある。味噌汁や味噌鍋、味噌煮込みうどんなど、味噌を使った汁物と相性がよい。

きのこ

晩秋

ナメコに代わり和食の材料になる

ナメコの互換品といえる。ぬめりが強く食感もよい。味噌汁やけんちん汁、うどん、蕎麦、おろしあえなど和食に合う。

腐生菌

チャナメツムタケ
担子菌門/ハラタケ目モエギタケ科

見た目クリタケ味ナメコ、その名もチャナメツムタケ

　晩秋きのこの代表格であるナメコやクリタケの中間みたいな見た目のきのこだ。クリタケのような赤茶色の傘、柄は下部に向かって白色〜茶色で、ささくれがある。傘は濡れるとナメコにも劣らない強い粘性を帯びる。味もナメコのような少し野性味のある土っぽい風味があり、「地ナメコ」と呼ぶ人もいる。シロナメツムタケの近縁種であり、本種も地中の埋もれ木から発生する。ナメコと違って比較的どこにでも生えるので、手軽に採れるナメコ的なありがたい存在。里山の赤松コナラ林から、山地のブナ林、亜高山帯のモミ林など、幅広い環境で見られる。

● 採れる場所
アカマツ・コナラ林　ブナ・ミズナラ林
カラマツ林

● 大きさ　傘の直径：5〜10cm
　　　　　高さ：5〜10cm

● ひだの付き方　直生〜湾生

有毒のカキシメジにご注意を
カキシメジは日本で3番目に中毒事例の多いきのこだ。チャナメツムタケだと思い誤食するケースが多い。ひだが湾生であり、時に赤褐色のシミが生じる。詳細は毒きのこ編で確認できる（P309）。

写真＝チャナメツムタケ

292

腐生菌

ムラサキシメジ
担子菌門・ハラタケ目キシメジ科

生食厳禁

きのこ

晩秋

香りと食感なら大傘の天ぷら

味も食感もよい。煮物や鍋物、お吸い物などが一般的。大きな傘を天ぷらにすると香りもよく、素晴らしい味わいだ。

晩秋の落ち葉だまりに生える、紫色の大型シメジ

　晩秋きのこは樹上に生えるものが多く、ついつい上の方ばかり探してしまう。しかし晩秋きのこの中にも地上に生えるものも存在する。その代表格がムラサキシメジだ。子実体は大型で、全体がきれいな紫色をしている。老成すると褪色し灰白色になる。傘ははじめ饅頭形で、のちにほぼ平らになる。柄の根元に膨らみがあり、菌糸や落ち葉が絡んでいる。少々粉っぽい独特な匂いがする。好きな人はとことんハマるだろう。各種林内の落葉の吹きだまりに発生する。フランスではピエ・ブルーと呼ばれ人気がある。栽培可能。生食で中毒するため要加熱。

● 採れる場所
マツ・ブナ・ナラ林　竹林
スギ・ヒノキ林

● 大きさ　傘の直径：6〜10cm
　　　　　高さ：4〜8cm

● ひだの付き方　湾生

空調栽培でなく露地栽培
ムラサキシメジの菌床栽培はシイタケ、ナメコなどと違って野外で行われる。あらかじめ作られた菌床を堆肥や落葉などと一緒に埋めてシロを作るのだ。天候などに左右されるため安定した供給が難しい。

きのこ

晩秋〜初冬

茹でてサラダ。晩秋を味わおう

傘は薄く柔らかい。柄はシャキシャキとして旨いが、硬すぎて口に残ることもある。茹でておろしあえやサラダにすると季節感を味わえる

腐生菌

スギエダタケ
担子菌門・ハラタケ目タマバリタケ科

スギ林にたくさん生える、貴重な食用きのこ

　スギ林は菌根性のきのこのみならず木材腐朽性のきのこもほとんど生えない。唯一人気があったスギヒラタケも、今では有毒種扱いとなり、きのこ狩りでスギ林に入る人は皆無となった。しかし、晩秋にはスギ林にしか生えない食用きのこが採れる。スギエダタケだ。名前のとおりスギの枯れ枝に生える白色の小さなきのこ。肉質は、見かけによらず意外としっかりしている。茶色の柄は繊維質で硬い。ひだは白く密。無味無臭。小さくて集めるのに苦労するが、頑張れば結構な量になる。スギと日陰さえあればほぼ確実に生えてくるというのもうれしいポイント。

● 採れる場所
スギ林

● 大きさ　傘の直径：1〜5cm
高さ：3〜7cm

● ひだの付き方　上生〜離生

松ぼっくりに生える近縁種

同時期、杉林ではなく松林にも似たような見た目のきのこが生える。マツカサキノコモドキといい、松ぼっくりから発生する小型菌だ。こちらもスギエダタケと同じ食用で、食感はまったく同じだった。

写真=マツカサキノコモドキ

写真提供：（大）弘前大学農学生命科学部附属白神自然環境研究センター

きのこ

晩秋〜初冬

野性みあふれる味噌汁が正義

ナメコといえばやはり味噌汁が正義。天然ナメコのぬめりと土っぽさのある野性みあふれる味が汁に溶け込んで最高に旨い。鍋やおろしあえも。

腐生菌

ナメコ
担子菌門・ハラタケ目モエギタケ科

天然ナメコは味もぬめりの強さも別格

　紅葉シーズンも終わりに近づき山も冬支度を始める頃、日本人が愛してやまないナメコが顔をのぞかせる。幼菌は分厚いムチンの層で覆われており、まるで宝石のようだ。傘が開くと色が薄くなりムチン層も薄くなるので、やはり膜の破れる前の幼菌が最高だ。晩秋、ブナやナラ、カエデなど広葉樹に発生する。菌床栽培される市販品は、味にクセがなくある意味「食べやすいきのこ」だが、野生種は2〜3倍の大きさで味も濃くクセ強め。原木栽培品も天然物に負けず劣らずたいへん美味しい。榾木にはサクラを用いることが多いが、山地の落葉高木ならたいてい使える。

● 採れる場所　**枯木**　ナラ、ブナなどの広葉樹

● 大きさ　傘の直径：3〜8cm　高さ：4〜5cm

● ひだの付き方　**直生**

天然物の美味しさは別格
初めてナメコを見つけた瞬間は今も覚えている。下山中、ハンノキの切り株に何か生えているのに気づいた。見ると黒光りする幼菌ナメコがびっしり。その夜食べたなめこ汁の旨さは言うまでもない。

きのこ

晩秋〜初冬

汁物で柔らかい
食感を楽しむ

キヌメリガサ同様、脆いため汁物に使うのが一般的。あまり出汁は出ないし味気ないが、柔らかく舌触りがよいのでそれなりに美味しい。

菌根菌

フユヤマタケ
担子菌門・ハラタケ目ヌメリガサ科

冬のマツ林で採れる貴重な食用きのこ

　雪が降り始める頃、松葉の間からポツポツと顔をのぞかせるフユヤマタケ。マツ林でのきのこ狩りの終わりを告げる。淡い黄色〜黄褐色の傘は湿ると粘性を帯び、柄は基部に向かって黄色〜白色。ひだも同様に白色〜黄色で、やや疎。冬はきのこがなかなか採れないので、このきのこは非常にありがたい存在だ。しかし脆く壊れやすいため、降雪量が多いと雪の重みで潰されてしまう。雪があまり降らない年には3月にも採ることができた。似ているキヌメリガサは傘がきれいなレモン色でカラマツ樹下に生え、発生時期がフユヤマタケよりも少し早い。

● 採れる場所
アカマツ林
クロマツ林

● 大きさ　傘の直径：1〜3cm
　　　　　高さ：3〜7cm

● ひだの付き方　 垂生

大型品種が採れるとうれしい
フユヤマタケはシモフリヌメリガサというきのこの小型品種だ。両者は混在しており、区別せず食用にできる。大きいもの（シモフリヌメリガサ）のほうが壊れにくく食べごたえがあってよい。

きのこ

晩秋〜初春

淡白な味で万能食材になる

淡白な味わいで、コリコリとした食感のきのこ。ソテー、汁物、油炒め、天ぷらなど、オールマイティーに何にでも合う。

腐生菌

ヒラタケ
担子菌門・ハラタケ目ヒラタケ科

世界中で食べられている冬の優秀な食用菌

　昔は柄を長くしたものが「しめじ」として一般流通していたが、今はその立ち位置をブナシメジに取られてしまった。だが天然物は菌床栽培品とは別物だ。真冬に生える「寒茸」と呼ばれるものは、寒さのためゆっくり成長し、肉厚で引き締まっている。黒光りする小さな芽が出て、徐々に灰色に変わり最後は褐色を帯びる。ヒラタケと間違えてツキヨタケを誤食する事例があるが、ツキヨタケは傘が紫褐色〜黄褐色でささくれがあり、柄にはリング状のつばがある。また、縦に割くと黒色のシミがある点でも区別できる。日本のみならず全世界で愛されている。

● 採れる場所
　枯木　広葉樹

● 大きさ　傘の直径：5〜15cm
　　　　　高さ：1〜3cm

● ひだの付き方　垂生

害樹をヒラタケ栽培に活用
ヒラタケは原木栽培に使える樹種にほぼ縛りがない。つる植物であるフジは、植林された木に絡みつくため林業界隈では嫌われ者だ。そんなフジはヒラタケの最適樹。切り捨てられたフジ材も活用できる。

写真＝フジ原木のヒラタケ

297

きのこ

晩秋〜春

大ぶりのものはぜひ天ぷらで
食感も舌ざわりもよく、汁物や鍋物、味噌汁やおろしあえもよいが、傘の開いた大ぶりのものは天ぷらにしても旨い。

腐生菌

エノキタケ
担子菌門・ハラタケ目タマバリタケ科

天然物と市販の栽培品で見た目が違いすぎる

　はじめ傘は半球状で、柄が一定まで伸びると傘が展開する。表面には粘性があり、黄褐色〜茶褐色である。時に黒い斑点が現れる。ひだは白く、老成すると褐色になる。柄は茶褐色〜黒色で微毛に覆われる。鉄っぽさのある甘い香りを放つ。世界中で広く発生する。暖地型は傘が茶褐色で束になって発生するが、寒冷地型は傘が黄色〜橙色で、あまりまとまりを見せない傾向にある。市販品と姿形があまりにも違うため、別種なのではと疑ってしまうほどだ。冬〜春、広葉樹の枯木上に発生。市販品はビン型菌床で白色品種をモヤシ状に栽培している。

● 採れる場所
枯木
ヤナギ、カキ、クルミ、クワ、エノキ、ムクゲなどの広葉樹

● 大きさ　傘の直径：2〜8cm
　　　　　高さ：2〜9cm

● ひだの付き方　**上生〜離生**

エノキタケはどこにでも生える
エノキタケは身近にも普通に生える。11月頃、サイクリングロード沿いのムクゲの街路樹に大量のエノキタケが生えていた。沢沿いや河川敷だけでなく、庭先や公園、道端などにも生えるのだ。

きのこ

冬〜春

キクラゲと同じ食べ方でOK

基本的にキクラゲと同じ食べ方。こちらのほうがより柔らかくむっちりしている。筆者は年に1回必ず、このきのこで中華かき玉スープを作る。

サカズキキクラゲ
担子菌門・キクラゲ目ヒメキクラゲ科

腐生菌

寒い時期にのみ収穫できるキクラゲの一種

少し湿り気のある水っぽい雪が降った翌日、タニウツギの群生する斜面に向かう。そうすると案の定、暗褐色のプルプルしたきのこが生えている。盃をひっくり返したような形で、外側は少々ざらつく。

似たきのこに無印のキクラゲがあるが、こちらはやや肉質がしっかりしており、ベージュ色である点、ざらつきがない点で判別できる。サカズキキクラゲは、なぜかタニウツギとサクラによく生える。それ以外の樹木ではまったくと言っていいほど見たことがない。タニウツギは小さな低木で枝も細いため、このキクラゲが生えているとすぐにわかる。

● 採れる場所
枯れ枝　タニウツギ、サクラなど

● 大きさ　傘の直径：2〜5cm
　　　　　高さ：0.5〜1.5cm（子実体）

● ひだの付き方　—

タニウツギの特徴を覚えよう

サカズキキクラゲがよく生える木であるタニウツギは、梅雨時期にピンク色の美しい花を咲かせるので見つけやすい。多雪地域の傾斜地に群生が見られる。かつては新芽を米の量増しに使った。

写真＝タニウツギの枯れ枝に発生したサカズキキクラゲ

きのこ

秋〜春

腐生菌

シイタケ
担子菌門・ハラタケ目ツキヨタケ科

焼いて醤油。筆者はこれが一番

シイタケは無限にレシピがあるので、ここでは筆者の好きな食べ方を紹介する。大きな傘をたっぷりのバターで焼き醤油を垂らす。最高だ。

実は、昔はマツタケより貴重な高級きのこだった

「きのこ」と聞いて真っ先に思い浮かぶのがシイタケではなかろうか。肉厚で饅頭のような傘は縁から柄にかけてフワフワの綿毛に覆われており、とてもかわいい。身の締まった幼菌はコリコリで食感もよい。特有の香りは醤油や味噌など和風の味付けと相性がよく、干せばその香りが強まる。旨み成分をたっぷりと含んだ戻し汁は魚介や肉由来の出汁に引けを取らない。かつてシイタケはマツタケより貴重な存在だった。長い年月をかけて、純粋培養した菌を原木や菌床に接菌する栽培技術が確立され、安定した供給が可能になったのだ。先人の努力の賜物だ。

● 採れる場所

| 枯木 | ナラ、クヌギ、カシなど |

● 大きさ 傘の直径：4〜20cm
　　　　　高さ：3〜5cm

● ひだの付き方　湾生〜上生

原木シイタケも素晴らしい

きのこの原木栽培と言ったらやはりシイタケだ。原木にはブナ科の樹木が適しており、とくにクヌギ、コナラ、ミズナラは榾木が長持ちし肉厚のよいものが採れる。フウ、シデ類でも発生量は良好だ。

きのこ

通年

万能の中華食材、チップスも美味

コリコリとした硬めの食感で、中華飯や炒め物、ラーメンなどの具に用いられる。電子レンジである程度乾燥させ、油で揚げてチップスにもできる。

腐生菌

アラゲキクラゲ
担子菌門・キクラゲ目キクラゲ科

中華料理に欠かせないコリコリ食感のきのこ

　子実体は硬めのゼラチン質で、円盤のようなものから盃型のものなど、形状のパターンは多岐にわたる。しばしば子実体同士が癒着する。背面は灰褐色で、微毛に覆われている。肉は褐色〜紫褐色で、子実層は滑らかである。実は市販の「きくらげ」はアラゲキクラゲであり、P303のキクラゲとは別物である。世界中で食用にされており、近年では乾燥品だけでなく生キクラゲも流通している。木材腐朽菌で、ニワトコやクワ、アカメガシワ、エノキ、ケヤキなどの広葉樹の切り株や倒木に発生する。乾燥と成長を繰り返しながら、ほぼ一年中発生する。

● 採れる場所
　枯木
　ニワトコ・クワ・グミ・アカメガシワなどの広葉樹

● 大きさ　傘の直径：3〜6cm
　　　　　高さ：2〜5cm(子実体)

● ひだの付き方　　ー

非常食にもなる
アラゲキクラゲほど便利で扱いやすいきのこは他にない。丈夫で腐ることもほとんどなく、乾燥させても食感が変化しない。採ったものは茹でて乾燥保存しておくとそのままカップ麺の具に使える。

301

きのこ

通年

細かく砕いて煮出してお茶に

菌核を細かく砕き、煮出してお茶として飲用する。ミルクを混ぜるのもよい。さほど味はなく、パウダー状にすればお菓子に混ぜ込める。

腐生菌

カバノアナタケ
担子菌門・タバコウロコタケ目タバコウロコタケ科

森のダイヤとも呼ばれる、石みたいな高級きのこ

シラカバやダケカンバ、ウダイカンバなどカバノキ属の樹木に寄生し、ゴツゴツとした黒褐色の塊を作る。実はこの塊、きのこ（子実体）ではなく菌核とよばれるもの。カバノアナタケの子実体は樹皮下に張り付くように生えるため、普通は見られない。多くの薬効成分が含まれるとされる。シラカバ2万本に対し1本の確率でしか見つからないといわれるほどのレア物であるうえに、採り頃の大きさになるまでに十数年かかるため、採取された菌核は高値で取引されている。採取地は熊の生息地であり、基本的に冬眠期の真冬に採取される。

● 採れる場所
カンバ類の幹
シラカバ、ダケカンバなど

● 大きさ　傘の直径：5〜20cm(菌核の径)
　　　　　高さ：5〜30cm(菌核の厚み)

● ひだの付き方　　　ー

古から受け継がれる秘薬
カバノアナタケは今でこそ薬効成分が確認され注目されてきているが、産地のロシアでは昔から現地住民に重宝されてきた。胃腸の調子が悪いときやガン予防のために、お茶にして飲用したそうだ。

きのこ

通年

肉質は柔らか。酢の物や味噌汁に

柔らかい肉質だが弾力があり、多少コリコリ感もある。酢の物や味噌汁、ラーメンの具などに使える。

腐生菌

キクラゲ
担子菌門・キクラゲ目キクラゲ科

市販の「きくらげ」とは別物だが、本家はこちら

子実体は円盤状〜盃状〜耳状で、隣接するもの同士しばしば癒着する。背面は微毛で覆われている。子実層は黄褐色で滑らか。市販の「きくらげ」はアラゲキクラゲで、こちらが正真正銘本物のキクラゲである。

本種は柔らかいゼラチン質でプルプルとした質感なのに対し、アラゲキクラゲはより硬くコリコリとしており、キクラゲよりも食用価値が高い。また、P299のサカズキキクラゲとも似ているが、暗褐色であるうえ、そもそも科が異なる。一年中見られる。ブナ、コナラ、エノキ、クワなどさまざまな広葉樹の枯れ木上に発生する。

● 採れる場所　　枯木
ニワトコ・クワ・グミ・アカメガシワなどの広葉樹

● 大きさ　傘の直径：3〜6cm
　　　　　高さ：1〜3cm(子実体)

● ひだの付き方　　ー

幅広い気候帯に適応できる

アラゲキクラゲは暖地に多いが、キクラゲは寒冷地に多いといわれている。だが一番よく採れるのは照葉樹林帯のバイオームに該当する地域だ。あまりにも寒すぎる場所では逆に少ない。

絶対に手を出してはいけない
毒きのこ

Toxic Mushrooms

危険

シャグマアミガサタケ

子嚢菌門
チャワンタケ目フクロシトネタケ科

● 生育場所
マツ・モミ・ツガ林 スギ・ヒノキ林

腐生菌

● 間違えやすい食用きのこ
アミガサタケ（黒）

春

形が不気味だ。煮沸の際に蒸気を吸引した死亡例も

まるで脳味噌のような形をした不気味なきのこ。頭部は黄土褐色〜赤褐色で歪んでおり、全体がしわで覆われている。柄は下部にむかって太くなり、黄褐色〜肌色。老成した個体は灰褐色に近い色となる。内部は空洞になっている。ギロミトリンという猛毒を持つが、北欧では煮沸による毒抜きをして食用とする。しかし、煮沸の際ギロミトリンが揮発性の猛毒となる。実際、現地で蒸気の吸引による死亡事故があった。決して安易な気持ちで試食してはいけない。春、マツ科の樹木のまわりに発生。

ウスタケ
担子菌門
ラッパタケ目ラッパタケ科

● 生育場所
モミ林　アカマツ林

● 間違えやすい食用きのこ
アンズタケ

菌根菌

毒きのこ

夏〜秋

遠目からも存在感を放つ、派手な色のラッパ型きのこ

　ラッパのような形をした面白いきのこ。梅雨時期から秋にかけて、アカマツやモミ類のまわりにたくさん生える。傘には鱗片があり、中央の窪みは柄の根元まで通じている。雨が降ると窪みに水が溜まって内部がドロドロになる。老菌のしわひだをこするとボロボロと剥がれ落ちてしまう。かなり派手な色をしているため、遠目でもすぐに気がつく。現在は毒きのことされているが、かつてはアミガサタケのように茹でこぼして食用にされていた。大量に摂取すると下痢や嘔吐に苦しむことになる。

オオワライタケ
担子菌門
ハラタケ目モエギタケ科

● 生育場所
ブナ林
広葉樹の倒木や切り株…ナラ、ハンノキなど

● 間違えやすい食用きのこ
ヌメリスギタケモドキ、ナメコ

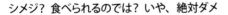
腐生菌

夏〜秋

シメジ？ 食べられるのでは？ いや、絶対ダメ

　ずんぐりむっくりとした大型菌。ホンシメジを黄色く染めたかのような立派な姿に、つい「食べられるのでは？」と思ってしまう。残念ながら毒きのこだ。オオ"ワライ"タケとあるように、食べると幻覚や幻聴、異常に興奮するなどの症状が現れる。傘は半球形〜饅頭形〜平ら、表面には細かい繊維模様がある。ひだは帯黄色〜錆色。柄は繊維状で根元が太い。膜状のつばがある。とても苦いので食べればすぐにヤバいと気がつく。広葉樹に発生。束生するものと単生するものがある。

毒きのこ

カエンタケ

子嚢菌門
ボタンタケ目ボタンタケ科

● 生育場所
ナラ類の根元

● 間違えやすい食用きのこ
ベニナギナタタケ

腐生菌

夏〜秋

食べれば「炎」に焼かれる超猛毒きのこ。触れるだけでも怖い

　炎のように赤い不思議な見た目をしたきのこ。実はとんでもない猛毒菌だ。地上に出てくる棒状のものは子座と呼ばれ、ときに枝分かれする。肉は白く、中実で硬い。猛毒トリコテセン類を含み、食後30分で発熱、悪寒などを発症。2日後には脳神経障害で死に至る。また、触れただけでも皮膚が炎症を起こす場合があるため、見つけても絶対に触ってはいけない。ナラ類の根元によく生える。近年、ナラ枯れに伴って発生量が増加している。公園などに生えていることも多いので気をつけよう。

クサウラベニタケ

担子菌門
ハラタケ目イッポンシメジ科

● 生育場所
アカマツ・コナラ林　ブナ・ミズナラ林

● 間違えやすい食用きのこ
ウラベニホテイシメジ、ハタケシメジ

菌根菌

夏〜秋

シメジ類と似ている、中毒事故が絶えない「毒御三家」の一角

　ツキヨタケ・カキシメジと並ぶ、日本の「毒きのこ御三家」の一種だ。傘は灰色〜黄土色〜茶色で吸水性が高い。乾燥時は光沢がある。柄は細く脆い。ひだは初め白色で成熟すると肉色になる。食用のシメジ類と似ている。特にウラベニホテイシメジと酷似しており、同じ場所で混じって生えることもあるため中毒事故が絶えない。「名人泣かせ」とも呼ばれ、玄人であっても油断すると誤認しかねない。実際、過去に直売所で販売された「ハタケシメジ」がクサウラベニタケだった事例がある。

ドクツルタケ（広義）

担子菌門
ハラタケ目テングタケ科

● 生育場所
- シイ・カシ林
- マツ・モミ・ツガ林
- ブナ・ナラ林

● 間違えやすい食用きのこ
ハラタケ、シロマツタケモドキ

菌根菌

毒きのこ　夏〜秋

純白で可憐な姿形とは裏腹の日本最恐きのこ

　森の中で一際目立つ純白なきのこ。全体が真っ白で、垂れ下がっているつばがまるでドレスのようで美しい。そのきれいさとは裏腹に、日本でもっとも恐ろしい毒きのこなのだ。致死量が体重1kgあたり0.1mgという猛毒アマトキシンを、1本あたり10mgほど含んでいる。成人でも1本丸ごと摂取すればほぼ確実に死亡する。まさに「死の天使」だ。幼菌は食菌ハラタケと似ているが、ハラタケはひだが淡紅色である点で判別できる。本種は膜質のつばやつぼを持つ。柄にはダンダラ模様がある。

ドクヤマドリ

担子菌門
イグチ目イグチ科

● 生育場所
- モミ・ツガ林

● 間違えやすい食用きのこ
ヤマドリタケモドキ

菌根菌

夏〜秋

美味で名高いポルチーニ類に酷似しているからなお危険

　どっしりとした大型のイグチ。傘は薄茶褐色のビロード状で、成菌になると湿時やや粘性を持つ。柄は白色〜淡黄褐色で、基部には黄色の菌糸が確認できる。傷つけると青変し、のちに褐色となる。ヤマドリタケモドキなどポルチーニ類に雰囲気が似ている。かつて「イグチに毒なし」という迷信があったように、日本では昔イグチ科のきのこに毒菌はないと考えられていた。しかし今は、本種をはじめとする多数の有毒イグチの存在があきらかとなっている。胃腸系の中毒を引き起こす。

写真提供：（ドクヤマドリ）市川浩久

毒きのこ

夏〜秋

ハナホウキタケ（広義）
担子菌門
ラッパタケ目ラッパタケ科

●生育場所
アカマツ・コナラ林　ブナ・ミズナラ林

●間違えやすい食用きのこ
ホウキタケ

菌根菌

弱毒だが、食べられるホウキタケと注意深く区別したい

　珊瑚のような形をしたホウキタケ類の毒菌。全体が橙紅色〜汚桃色。美味な食用きのこホウキタケと似ている。ホウキタケは根元が太く色白で、枝の先がやや薄いピンク色をしているが、ハナホウキタケは全体がより赤みの強い色をしている。また、ホウキタケに比べて根元が細く貧弱である。ホウキタケ類は未知種が多く、実際に食用として認知されているのはホウキタケとウスムラサキホウキタケ、それからコノミタケだ。秋、広葉林や針葉樹林に発生。弱毒だが消化器系の中毒を引き起こす。

夏〜秋

フクロツルタケ（広義）
担子菌門
ハラタケ目テングタケ科

●生育場所
アカマツ・コナラ林　ブナ・ミズナラ林　雑木林

●間違えやすい食用きのこ
マツタケ、シロマツタケモドキ

菌根菌

とくに幼菌に注意！ 判別困難なら避けるのが無難

　傘は白色〜帯褐色で、綿毛状の鱗片で覆われている。つばはない。ひだは密で白色〜淡紅褐色。名前のとおり、基部に厚みのある大きな袋状のつぼを有する。テングタケ科の猛毒菌で、ドクツルタケと同じように1本食べただけで死亡するリスクがある。広がってしまえば間違えることはないだろうが、幼菌は鱗片の模様もあってマツタケのように見えることがあるので注意したい。そもそもテングタケ科は猛毒種が多いため、タマゴタケのように判別しやすいもの以外は避けるのが賢明だ。

カキシメジ
担子菌門
ハラタケ目キシメジ科

●生育場所
アカマツ・コナラ林　ブナ・ミズナラ林

●間違えやすい食用きのこ
チャナメツムタケ

菌根菌

間違えやすい食菌と似ているので厳重注意

　いかにも食べられそうな見た目の危険な毒きのこ。ツキヨタケ、クサウラベニタケに次いで中毒例が多い。秋、広葉樹林やマツ林に生える。同時期に生える食菌チャナメツムタケと似ているため、知らない人は間違えてしまうだろう。カキシメジは傘がやや赤みを帯びた褐色で、白色のひだにシミができる。また、チャナメツムタケは柄や傘の縁にささくれ状の白い鱗片を有するが、カキシメジにはこれがない。また、幼菌チャナメツムタケのひだは綿毛状の膜で覆われている。

コレラタケ
担子菌門
ハラタケ目ヒメノガステル科

●生育場所
朽木やおがくず上

●間違えやすい食用きのこ
ナメコ、ナラタケ、エノキタケ

腐生菌

名前からしてヤバい！ 最悪の場合は命も落とす

　「コレラ茸」という名前からしてヤバそうだと思った人は勘がよい。地味で小柄だが非常に危険な猛毒菌なのだ。暗肉桂色の傘は饅頭形〜平らで、中央が盛り上がる。湿時は縁に条線があるが、乾くと確認できなくなる。ひだは密〜やや疎。繊維状の柄には膜状のつばがある。ナメコやナラタケ、エノキタケなどの食菌と間違える可能性がある。ドクツルタケと同じ猛毒アマトキシン類を含んでおり、コレラのような激しい下痢に襲われる。その後肝炎や腎不全に陥り、最悪の場合死亡する。

毒きのこ

スギヒラタケ
担子菌門
ハラタケ目キシメジ科

● 生育場所
針葉樹の朽木…スギやマツなど

● 間違えやすい食用きのこ
ウスヒラタケ、ブナハリタケ

腐生菌

以前は盛んに食べられていたが、2004年事故が多発

　針葉樹の朽木にびっしりと生える白いきのこ。子実体はヒラタケ形で、柄はほぼない。かつては数少ないスギ林で採れるきのことして重宝され、「スギカノカ」などと呼ばれ東北地方で盛んに食べられていた。しかし2004年の秋、スギヒラタケを食べて急性脳炎を発症する事例が相次ぎ、中には死亡する患者も現れた。それ以降スギヒラタケは「危険な毒きのこ」扱いとなり、産直市場等での販売も禁止されている。似ている食菌ウスヒラタケは本種より厚みがあり、広葉樹から生える。

秋

ツキヨタケ
担子菌門
ハラタケ目ホウライタケ科

● 生育場所
広葉樹の枯木…ブナ・カエデなど

● 間違えやすい食用きのこ
ヒラタケ、ムキタケ、シイタケ

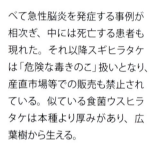
腐生菌

同じ樹種からよく似た食菌が発生するので誤食事故が絶えない

　早秋、ブナの枯木によく生える毒きのこ。中毒事例が国内最多で死亡例もある。傘は半円形で、表面に鱗片がある。幼菌時は橙褐色〜黄褐色だが、老成すると紫褐色を帯びる。濡れていると時、やや粘性がある。ひだは疎。柄にはリング状のつばがあり、片側に寄ってつく。ヒラタケやムキタケ、シイタケと似ており、いずれも同時期にブナ林によく発生するため誤食事例が絶えない。最大の特徴は、柄の基部に黒色のシミがあること。割いて断面を確認すれば事故を未然に防げる。

秋

ドクササコ
担子菌門
ハラタケ目キシメジ科

- 生育場所 竹林 / スギ・ヒノキ林 / 落ち葉の吹き溜まり
- 間違えやすい食用きのこ
ナラタケ、チチタケ、カヤタケ

腐生菌

おもに竹林に発生する、人を生き地獄に陥れる猛毒菌

　竹林などに生える腐生菌。傘は赤みの強い褐色で漏斗状、ひだはクリーム色で密。本種も猛毒菌だが、他種とは違った恐ろしさがある。摂取後6時間〜1週間ほどしてから症状が現れる。手足の先端が赤く腫れ上がり、焼けた鉄を押し付けられたかのような激痛が走る。ひどいときは患部に水膨れができ、最悪の場合壊死することもあるそうだ。耐え難い痛みは昼夜を問わず、しかも1カ月近く続くという。生き地獄だ。チチタケは脆く縦に裂けないほか、傷つけると乳液を分泌する。

ネズミシメジ
担子菌門
ハラタケ目キシメジ科

- 生育場所 モミ・ツガ林 / アカマツ林
- 間違えやすい食用きのこ
シモフリシメジ、アイシメジ

菌根菌

食菌のシメジ類に交じって生えるので厄介

　名前のとおりねずみ色のシメジ。幼菌は傘が円錐形で、開いても中央の尖りはそのまま。表面には放射状の黒い繊維紋がある。ひだは初め白色で老成すると灰白色になる。柄は白い。中秋〜晩秋にかけて、形状が食菌シモフリシメジやアイシメジと酷似しており、時折交じって生えるので厄介。シモフリシメジやアイシメジは傘や柄が黄色みを帯びているが、本種は完全に白黒。黄色の要素はゼロだ。肉に辛みや苦みがあるのも特徴。マツ科の針葉樹林に発生。寒冷地に多い。症状は下痢や嘔吐など。

毒きのこ

フクロシトネタケ（広義）

子嚢菌門
チャワンタケ目フクロシトネタケ科

● 生育場所
スギやヒノキなどの朽木

● 間違えやすい食用きのこ
アラゲキクラゲ

腐生菌

キクラゲとは生える樹種が別。DNA解析での分類も別

　山菜採りをしていたとき、スギの朽木からキクラゲのような形のきのこが生えている。表側は赤褐色〜茶褐色、裏側は透明感のある白色で基部周辺が窄んでいる。触ってみると肉がとても脆い。キクラゲ類は柔らかいものの、弾力があって簡単に壊れたりはしない。また、キクラゲ類は基本的に広葉樹の枯木に発生するが、本種はスギやヒノキなど針葉樹の朽木に生える。実は担子菌のキクラゲとはまったく異なる種で、シャグマアミガサタケと同じ子嚢菌の一種。胃腸系・神経系中毒の原因となる。

秋

ベニテングタケ

担子菌門
ハラタケ目テングタケ科

● 生育場所
ブナ・ミズナラ林
ミズナラ・シラカバ林
モミ・ツガ林

● 間違えやすい食用きのこ
タマゴタケ

菌根菌

「かわいいものには毒がある」の典型例のきのこ

　「毒きのこ」と聞いて真っ先に思い浮かぶのはベニテングタケだろう。絵に描いたような美しい見た目で、実物を見つけるとうれしくなる。真っ赤な傘には白色のいぼがたくさん付いている。柄やひだは白く、基部は大きく膨らむ。毒成分ムッシモールは眠気、不快感などを引き起こす。また、興奮作用のある毒成分イボテン酸も含み、かつては薬物として利用された。似た食菌はほとんどないが、いぼが雨で流れた個体はタマゴタケと似ている。タマゴタケは柄やひだが黄色である点で判別できる。

秋

毒きのこ

晩秋〜春

ニガクリタケ
担子菌門
ハラタケ目モエギタケ科

● 生育場所
針葉樹や広葉樹の枯木　枯れた竹類

● 間違えやすい食用きのこ
エノキタケ　クリタケ

腐生菌

毒の威力が絶大。煮ると苦みが抜けるので誤食しやすい

　小さくてかわいらしい見た目のきのこ。晩秋〜春にかけて、広葉樹や針葉樹の枯木あるいは竹の枯稈などに群生する。地際に多く、切り株を覆いつくすように大量発生することも。傘は硫黄色〜橙色で脆い。ひだは密で、オリーブ色のち紫褐色となる。肉に苦みがあるが、煮沸すると苦みが抜けていくため、誤って鍋物にしたりすると気づかず食べてしまう可能性がある。とても小さなきのこだが毒の強さは大型菌に引けを取らない。死亡例もある。エノキタケやクリタケと似ているので要注意。

冬〜春

クロハナビラタケ
子嚢菌門
ビョウタケ目ビョウタケ科

● 生育場所
広葉樹の枯木

● 間違えやすい食用きのこ
キクラゲ、ハナビラニカワタケ

腐生菌

透明感のない真っ黒な皮のような質感がいかにも毒きのこ

　「黒いハナビラタケ」という名前だが、分類学上ハナビラタケとはまったくもって無関係である。秋〜冬にかけて広葉樹の枯木から生える子嚢菌の仲間で、真っ黒な花びら状の裂片が多数集合している。質感は革のよう。キクラゲ科の食毒不明菌クロハナビラニカワタケと酷似しているほか、食菌のキクラゲやヒメキクラゲとも少し似ている。しかしこちらはやキクラゲ類と違って透明感がまったくなく黒みが強いという点で区別ができるだろう。誤食すると激しい消化器系中毒を起こす。

【野草・山菜】編

🌱 は有毒植物を意味します。

ア

- アオミズ ・・・・・・・・・・・・・ 39
- アカザ ・・・・・・・・・・・・・・ 40
- アカツメクサ ・・・・・・・・・・ 154
- アキタブキ ・・・・・・・・・・・・ 41
- アキノノゲシ ・・・・・・・・・・ 137
- アケビ類 ・・・・・・・・・・・・・ 81
- アサツキ ・・・・・・・・・・・・ 131
- アザミ類 ・・・・・・・・・・・・・ 42
- 🌱 アジサイ類・・・・・・・・・・ 184
- アシタバ ・・・・・・・・・・・・ 138
- 🌱 アツミゲシ ・・・・・・・・・・ 174
- アブラナ ・・・・・・・・・・・・ 132
- アマドコロ ・・・・・・・・・・・・ 43
- アレチウリ ・・・・・・・・・・・・ 99
- イシクラゲ ・・・・・・・・・・・ 139
- イタドリ ・・・・・・・・・・・・・ 44
- 🌱 イチイ ・・・・・・・・・・・・ 179
- イチョウ ・・・・・・・・・・・・ 100
- 🌱 イヌサフラン ・・・・・・・・ 172
- イヌビワ ・・・・・・・・・・・・・ 88
- 🌱 イヌホオズキ ・・・・・・・・ 175
- イモカタバミ ・・・・・・・・・ 141
- イラクサ類 ・・・・・・・・・・・・ 45
- ウコギ類 ・・・・・・・・・・・・・ 46
- ウチワサボテン・・・・・・・・・ 142
- ウド ・・・・・・・・・・・・・・・・ 47
- ウバユリ類 ・・・・・・・・・・・ 97
- ウワバミソウ ・・・・・・・・・・ 48
- エゴマ類 ・・・・・・・・・・・・ 143
- エゾエンゴサク・・・・・・・・・・ 22
- エゾニュウ ・・・・・・・・・・・・ 49
- エノキ ・・・・・・・・・・・・・ 101
- オオアラセイトウ ・・・・・・・ 133
- 🌱 オオツヅラフジ ・・・・・・ 180
- オオバギボウシ ・・・・・・・・ 50
- オオバコ ・・・・・・・・・・・・ 144
- オカヒジキ ・・・・・・・・・・・ 51
- 🌱 オシロイバナ ・・・・・・・・ 175
- オニドコロ ・・・・・・・・・・・ 102
- オニノゲシ ・・・・・・・・・・・ 145
- オモダカ ・・・・・・・・・・・・・ 23
- オランダガラシ・・・・・・・・・ 153

カ

- ガガイモ ・・・・・・・・・・・・ 103
- カキドオシ ・・・・・・・・・・・ 146
- カジイチゴ ・・・・・・・・・・・・ 95
- カタバミ ・・・・・・・・・・・・ 147
- ガマズミ ・・・・・・・・・・・・ 104
- ガマ類・・・・・・・・・・・・・・・ 89
- カヤ ・・・・・・・・・・・・・・ 105
- カラシナ ・・・・・・・・・・・・ 134
- カラスウリ ・・・・・・・・・・・ 106
- カラスムギ ・・・・・・・・・・・・ 90
- カラハナソウ類・・・・・・・・・・ 52
- カラムシ ・・・・・・・・・・・・・ 53
- カンゾウ類 ・・・・・・・・・・・・ 24
- キクイモ ・・・・・・・・・・・・ 107
- ギシギシ類 ・・・・・・・・・・・ 148
- キダチアロエ ・・・・・・・・・ 149
- 🌱 キツネノボタン ・・・・・・ 183
- ギョウジャニンニク ・・・・・・ 25
- 🌱 キョウチクトウ ・・・・・・ 184
- クコ ・・・・・・・・・・・・・・ 150
- クサギ ・・・・・・・・・・・・・・ 54
- クズ ・・・・・・・・・・・・・・ 151
- クマザサ ・・・・・・・・・・・・ 152
- クルミ類 ・・・・・・・・・・・・・ 98
- クレソン ・・・・・・・・・・・・ 153
- クローバー ・・・・・・・・・・・ 154
- クワ ・・・・・・・・・・・・・・・ 91
- 🌱 クワズイモ ・・・・・・・・・ 185
- 🌱 ケマン類 ・・・・・・・・・・ 182
- コゴミ ・・・・・・・・・・・・・・ 26
- コシアブラ ・・・・・・・・・・・・ 27

サ

- サクラ類 ・・・・・・・・・ 55
- サルナシ ・・・・・・・・・ 108
- サンショウ ・・・・・・・・ 56
- シオデ ・・・・・・・・・・ 28
- ⚜ シキミ ・・・・・・・・・ 180
- シソ ・・・・・・・・・・・ 155
- ⚜ シチヘンゲ ・・・・・・・ 185
- シナダレスズメガヤ ・・・・ 92
- シャク ・・・・・・・・・・ 57
- シャクチリソバ ・・・・・・ 87
- ジュズダマ ・・・・・・・・ 127
- ショカツサイ ・・・・・・・ 133
- シロザ ・・・・・・・・・・ 40
- シロツメクサ ・・・・・・・ 154
- シンテッポウユリ ・・・・・ 125
- ⚜ スイートピー ・・・・・・ 173
- ⚜ スイセン ・・・・・・・・ 182
- スイバ ・・・・・・・・・・ 156
- スギナ ・・・・・・・・・・ 30
- ⚜ スズラン ・・・・・・・・ 186
- スダジイ ・・・・・・・・・ 109
- スベリヒユ ・・・・・・・・ 157
- スミレ類 ・・・・・・・・・ 58
- セイタカアワダチソウ ・・・ 74
- セイヨウアブラナ ・・・・・ 132
- セイヨウカラシナ ・・・・・ 134
- セリ ・・・・・・・・・・・ 59
- ゼンマイ ・・・・・・・・・ 29
- ⚜ ソテツ ・・・・・・・・・ 186

タ

- ダイモンジソウ ・・・・・・ 60
- ⚜ タケニグサ ・・・・・・・ 176
- タネツケバナ ・・・・・・・ 61
- タラノキ ・・・・・・・・・ 62
- タンポポ類 ・・・・・・・・ 158
- チシマザサ ・・・・・・・・ 93
- チャノキ ・・・・・・・・・ 75
- ⚜ チューリップ ・・・・・・ 187
- ⚜ チョウセンアサガオ類 ・・・・ 187
- ツクシ ・・・・・・・・・・ 30
- ⚜ ツタウルシ ・・・・・・・ 176
- ⚜ ツツジ類 ・・・・・・・・ 179
- ツノハシバミ ・・・・・・・ 110
- ツユクサ ・・・・・・・・・ 63
- ツリガネニンジン ・・・・・ 31
- ツルナ ・・・・・・・・・・ 159
- ツルマメ ・・・・・・・・・ 111
- ツワブキ ・・・・・・・・・ 160
- ⚜ トキワサンザシ類 ・・・・・ 181
- ⚜ ドクゼリ ・・・・・・・・ 174
- ドクダミ ・・・・・・・・・ 161
- ⚜ ドクニンジン ・・・・・・ 172
- ⚜ トリカブト類 ・・・・・・・ 177

ナ

- ナガミヒナゲシ ・・・・・・ 94
- ナズナ ・・・・・・・・・・ 32
- ⚜ ノニワズ ・・・・・・・・ 188
- ニラ ・・・・・・・・・・・ 128
- ニリンソウ ・・・・・・・・ 33
- ニンニクガラシ ・・・・・・ 64
- ネズミモチ ・・・・・・・・ 112
- ノビル ・・・・・・・・・・ 129
- ノラゴボウ ・・・・・・・・ 82
- ノラニンジン ・・・・・・・ 83

ハ

- ⚜ バイケイソウ類 ・・・・・・ 170
- ハコベ類 ・・・・・・・・・ 162
- ⚜ ハシリドコロ ・・・・・・ 171
- ⚜ ハゼノキ ・・・・・・・・ 177
- ハゼラン ・・・・・・・・・ 84
- ハナイカダ ・・・・・・・・ 65
- ハナウド ・・・・・・・・・ 76
- ハマエンドウ ・・・・・・・ 66
- ハマゴウ ・・・・・・・・・ 163
- ハマダイコン ・・・・・・・ 135

ハマナス	113
ハマボウフウ	34
ハリギリ	35
🌿ヒガンバナ	188
ヒシ類	114
ヒユ類	140
🌿ヒヨドリジョウゴ	181
ヒルガオ類	85
🌿ヒレハリソウ	173
フウトウカズラ	136
フキ	67
🌿フクジュソウ	183
ベニバナボロギク	77
🌿ホウチャクソウ	171
ホウライショウ	167
ホソバワダン	164
ボタンボウフウ	78
ホテイチク	79
ホドイモ類	115

マ

マタタビ	116
マテバシイ	117
マムシグサ類	130
ミツバ	165
ミツバウツギ	68
ミョウガ	118
ミント類	166
ムクロジ	119
モクレン	69
モミジイチゴ	95
モミジガサ	70
モンステラ	167

ヤ

🌿野生サトイモ類	189
野生ブドウ類	86
🌿ヤツデ	189
ヤハズエンドウ	80
ヤブツルアズキ	120
ヤブマメ	126
ヤブレガサ	36
🌿ヤマウルシ	178
ヤマグリ	121
ヤマドリゼンマイ	71
ヤマノイモ類	122
ヤマブキショウマ	72
ヤマボウシ	123
ヤマモモ	96
ヤマユリ	124
ユキノシタ	168
🌿ヨウシュヤマゴボウ	178
ヨブスマソウ	37
ヨモギ	169

ワ

ワサビ	73
ワラビ	38

さくいん 【きのこ】編

🍄 は毒きのこを意味します。
細字は小コラムで紹介しているきのこです。

ア

アイシメジ	215
アイタケ	216
アカジコウ	217
アカジコウモドキ (俗称)	217
アカハツ	218
アカハツ近縁種	275
アカモミタケ	256
アカヤマドリ	219
アミガサタケ (黄色タイプ)	205
アミガサタケ (黒色タイプ)	204
アミタケ	257
アミハナイグチ	258
アメリカウラベニイロガワリ近縁種	220
アラゲキクラゲ	301
アンズタケ (広義)	221
🍄 ウスタケ	305
ウスヒラタケ	206
ウスムラサキホウキタケ	222
ウツロベニハナイグチ	258
ウラベニホテイシメジ	259
ウラムラサキ	223
エノキタケ	298
オウギタケ	260
オオキツネタケ	270
オオキノボリイグチ	262
オオゴムタケ	224
オオムラサキアンズタケ	261
🍄 オオワライタケ	305
オソムキタケ	287
オニフスベ	225

カ

🍄 カエンタケ	306
カキシメジ	292
🍄 カキシメジ	309
カノシタ (広義)	226
カバノアナタケ	302
カラカサタケ	227

カラマツベニハナイグチ	279
カラムラサキハツ	228
カワリハツ	228
キアシヤマドリタケ	232
キクラゲ	303
キタマゴタケ	229
キヌガサタケ	238
キヌメリガサ	288
キノボリイグチ	262
クギタケ	263
🍄 クサウラベニタケ	306
クリタケ	289
クロカワ	230
クロノボリリュウタケ	245
🍄 クロハナビラタケ	313
クロハナビラニカワタケ	248
クロラッパタケ	231
コウタケ	264
コガネヤマドリ	232
コノミタケ	222
ゴムタケ	214
コムラサキシメジ	233
ゴヨウイグチ	265
🍄 コレラタケ	309

サ

サカズキキクラゲ	299
サクラシメジ	234
ササクレヒトヨタケ	235
サンゴハリタケ	266
サンゴハリタケモドキ	266
シイタケ	300
シモフリシメジ	290
シャカシメジ	236
🍄 シャグマアミガサタケ	304
ショウゲンジ	267
シロタモギタケ	268
シロナメツムタケ	291
シロヌメリイグチ	269
スギエダタケ	294

🍄スギヒラタケ	310	ハツタケ	275
ススケヤマドリタケ近縁種	237	ハナイグチ	276
スッポンタケ	238	ハナビラタケ	247
セイタカイグチ	239	ハナビラニカワタケ	248
		🍄ハナホウキタケ（広義）	308
タ		ハンノキイグチ	277
タマゴタケ（広義）	240	ヒラタケ	297
タモギタケ	268	🍄フクロシトネタケ（広義）	312
チチアワタケ	211	🍄フクロツルタケ	308
チチアワタケ	265	フタイロベニタケ	249
チチタケ	241	ブナハリタケ	278
チャナメツムタケ	292	フユヤマタケ	296
🍄ツキヨタケ	310	ベニウスタケ	250
ツブエノシメジ	207	🍄ベニテングタケ	312
トキイロヒラタケ	212	ベニナギナタタケ	251
トキイロラッパタケ	242	ベニハナイグチ	258、279
🍄ドクササコ	311	ホウキタケ	252
🍄ドクツルタケ（広義）	307		
🍄ドクヤマドリ（広義）	307	**マ**	
		マスタケ	280
ナ		マツオウジ	213
ナガエノスギタケ	270	マツカサキノコモドキ	294
ナギナタタケ	251	マツタケモドキ	281
ナメコ	295	ミキイロウスタケ	282
ナラタケ（広義）	210	ミネシメジ	274
ナラタケモドキ	243	ムキタケ	283
🍄ニガクリタケ	313	ムラサキアブラシメジモドキ	284
ニカワハリタケ	271	ムラサキシメジ	293
ニセアブラシメジ	272	ムラサキナギナタタケ	285
ヌメリイグチ	244	ムラサキヤマドリタケ	253
ヌメリスギタケ	208	モミタケ	256
ヌメリスギタケモドキ	209		
ヌメリツバタケモドキ	273	**ヤ**	
🍄ネズミシメジ	290、311	ヤブレキチャハツ	249
ノボリリュウタケ	245	ヤマイグチ（広義）	254
		ヤマドリタケモドキ	255
ハ		ヤマブシタケ	286
ハエトリシメジ	274		
バカマツタケ	281		
ハタケシメジ	246		

● 野草・山菜 編 **茸本 朗**(たけもとあきら)

野山で食材を採りつつ、日々の食卓に並べて暮らす「野食ハンター」。書籍の執筆、漫画の原作や監修などワークジャンルは多岐にわたり、植物に限らず動物や魚介類にも造詣が深い。YouTubeでの登録者数は約35万人を超える人気YouTuberでもある。

● きのこ 編 **HS**(えいちえす)

きのこ・山菜のYoutubeチャンネル「HS」運営。『幼少期、家にあったキノコ図鑑をずっと眺めて過ごしていたがいつの日かキノコへの関心も薄れ、図鑑も見なくなっていた…。高校1年の時山登りに目覚め、ナラの立ち枯れの根元にレンガ色の綺麗なキノコが生えているのを見つけた際、幼少期に図鑑で見た「クリタケ」がふと脳裏に浮かんできた。採取して恐る恐る食べてみた。「うまい」。当時キノコから遠ざかっていた私を、幼少期の記憶が導いてくれた瞬間だったー』そこから現在に至る。

制作協力	FILE Publications, inc.
きのこ同定協力	市川浩久(長野県きのこ衛生指導員)
ブックデザイン	大塚千春
編集	駒崎さかえ(FPI)、青山一子、伊武よう子、五十嵐茉彩
図版制作	小松崎智樹
校正	浅井薫

参考文献:
今関六也、大谷吉雄他『山溪カラー名鑑 増補改訂新版 日本のきのこ』山と渓谷社
「いしかわ きのこ図鑑」https://www.pref.ishikawa.lg.jp/ringyo/kinoko/index.html
日本菌学会「日本菌学会大会講演要旨集」
https://www.jstage.jst.go.jp/article/msj7abst/52/0/52_0_63/_article/-char/ja/

野草・山菜・きのこ図鑑

2024年9月1日　第1刷発行
2025年2月20日　第5刷発行

著　者　茸本 朗、HS
発行者　竹村 響
印刷所　TOPPANクロレ株式会社
製本所　TOPPANクロレ株式会社
発行所　株式会社 日本文芸社
　　　　〒100-0003　東京都千代田区一ツ橋1-1-1 パレスサイドビル8F
　　　　(編集担当:牧野)

Printed in Japan 112240823-112250212 Ⓝ 05 (080034)
ISBN978-4-537-22234-0
Ⓒ Akira Takemoto, HS, 2024

印刷物のため、写真の色は実際と違って見えることがあります。ご了承ください。本書の一部または全部をホームページに掲載したり、本書に掲載された写真などを複製して店頭やネットショップなどで無断で販売することは、著作権法で禁じられています。また認められた場合を除いて、第三者からの複写、転載(電子化含む)は禁じられています。また代行業者などの第三者による電子データ化および電子書籍化は、いかなる場合も認められていません。

乱丁・落丁などの不良品、内容に関するお問い合わせは
小社ウェブサイトお問い合わせフォームまでお願いいたします。
ウェブサイト　https://www.nihonbungeisha.co.jp/